餐饮行业职业技能培训教程

翻[illegible]技艺 面[illegible]糖艺 图解

陈志文 主编

技术总监 陆玉昌 何军

主编 陈志文

副主编 李祎 陈学良

编委 崔瑞东 曹晓宇 刘恒磊 寨森 李哲 吴晶 卢志林 黄勇 蒋力

中国轻工业出版社

图书在版编目（CIP）数据

图解面塑糖艺翻糖技艺 / 陈志文主编. —北京：中国轻工业出版社，2023.5
ISBN 978-7-5184-2214-2

Ⅰ.①图… Ⅱ.①陈… Ⅲ.①面塑—装饰雕塑—图解 ②食糖—装饰雕塑—图解 Ⅳ.①TS972.114-64

中国版本图书馆CIP数据核字（2018）第244008号

责任编辑：史祖福　方　晓　　责任终审：劳国强　　整体设计：锋尚设计
策划编辑：史祖福　　责任校对：吴大朋　　责任监印：张京华

出版发行：中国轻工业出版社（北京东长安街6号，邮编：100740）
印　　刷：艺堂印刷（天津）有限公司
经　　销：各地新华书店
版　　次：2023年5月第1版第4次印刷
开　　本：889×1194　1/16　印张：11
字　　数：250千字
书　　号：ISBN 978-7-5184-2214-2　定价：59.00元
邮购电话：010-65241695
发行电话：010-85119835　传真：85113293
网　　址：http://www.chlip.com.cn
Email：club@chlip.com.cn
如发现图书残缺请与我社邮购联系调换
230454J4C104ZBW

前言

面塑、糖艺是中国饮食文化的传承，是盛大筵席的品位保证，也是烹饪意境的高度升华。翻糖则由多种材料制成，是制作翻糖蛋糕时使用的主要装饰材料。它源自英国的艺术蛋糕，现在主要用于各式糕点的表面装饰，也是一种工艺性很强的装饰材料。时下星级酒店、高档餐馆大厨都注意使用精美的盘饰搭配菜肴，因为盘饰是烹饪与艺术的结合，是一种实用性、艺术性兼得的产品。

《图解面塑糖艺翻糖技艺》精选国内流行的盘饰（分为面塑类盘饰和糖艺类盘饰）、面塑制作图解与欣赏、糖艺制作图解与欣赏以及翻糖人偶制作图解与欣赏四大部分，融合各种创意内容，详细介绍其使用的工具、原料，图片精美，步骤详细，分步骤地指导读者制作出精美的面塑、糖艺和翻糖人偶作品。本书图文并茂，产品灵动形象，细致地展现出面塑、糖艺和翻糖制作的技巧，可以帮助厨师快速掌握制作方法，轻松领会面塑、糖艺和翻糖艺术世界的丰富与优美。

本书实用性、专业性强，由多年从事面塑、糖艺教学课程的老师，亲自到星级酒店、宾馆调研，掌握市场需求方向，并与星级酒店、宾馆优秀的烹饪工艺师共同策划、完成本书内容。

编写本书的目的是为了向面塑、糖艺、翻糖制作从业人员及爱好者提供一个学习的参考，希望与众多从业者与爱好者一起，相互切磋，提高面塑、糖艺、翻糖制作技艺，共同创作意境优美、个性鲜明的艺术作品。

本书的出版要感谢家人和朋友以及参与制作的人员，对他们的帮助和支持表示衷心的感谢。

由于编写时间仓促，书中难免会有不足之处，希望各位同仁和读者提出宝贵意见。

编者

陈志文 主编

毕业于湖南省美术专科学院，经过多年的学习和研究，精通雕刻、面塑、糖艺和翻糖制作，创办个人工作室。2015 年，受东华大学特邀，演讲中国非物质文化遗产《面塑》。

陆玉昌 技术总监

陆玉昌，高级烹调师，高级讲师，厨政管理师。擅长分子料理、意境冷菜、创意融合冷菜。曾担任多家餐饮企业的冷菜出品总监和菜肴设计。精通糖、面塑、食品雕刻和艺术冷拼，对美食有自已独特的想法和理念，风格不一。

何　军 技术总监

中式烹调师高级技师，荣获多项荣誉：2007 年，获乐清市第一届旅游饭店技能大赛雕刻第三名；2009 年，获浙江省第三届旅游饭店技能大赛雕刻金奖；2010 年，获瑞安市第四届旅游饭店技能大赛雕刻二等奖；2012 年，获温州市第五届旅游饭店技能大赛第一名；2016 年，创立温州食雕糖艺面塑俱乐部，并担任会长。

李　祎 副主编

上海资质认证西点技师，个人擅长法国拉糖、中式面塑以及各种果蔬雕刻。

陈学良 副主编

自从接触到面塑艺术，曾拜访多位民间艺术大师使自己的技术了飞跃式的突破。有幸在魔都上海得到了陈志文老师的精心培育和指导，使自己的面塑技术更进一步。

后在上海多家五星级酒店担任美工师一职，现就职于上海连锁餐饮集团任面塑、糖艺造型设计师、出品副总监。

崔瑞东 副主编

塑形、塑型、塑人生，面塑制作让我了解到了很多古人的智慧和才艺，求学中更是深入了解到了古匠的才能，让我更想在这条道路上走下去，我想面艺会使我的人生更精彩，这条路我会走到底。

曹晓宇 副主编

国家高级烹调师，中国食艺联盟会员，中国河豚美食网理事。曾在碧桂园凤凰酒店任职，现就职于喜嘉庆餐饮管理公司，多次参与国家重要接待任务，先后接待过数位党和国家领导人。

刘恒磊 副主编

毕业于郑州旅游职业学院，高级烹调师，师从中国名师白晓洲。曾任多家星级酒店糖艺师。2017 年在陈志文培训中心再次深造，现任职温州维多利开元大酒店糖艺造型师。一直坚信滴水穿石，不是力量大，而是功夫深。

寨　森 副主编

高级烹调师，烹饪实操一体化教师。曾拜百年陈家菜第三代掌门人中国烹饪大师门下，刻苦学习烹调技术，多次在大型烹饪比赛中获奖。曾在北京首都大酒店接待反法西斯战争胜利 70 周年阅兵与第十二届全国人民代表大会等大型活动时表演雕刻技法。 精通雕刻、糖艺、翻糖等制作。

李　哲 副主编

2008 年进入厨师行业学习凉菜，后拜访各地名师学习食品雕刻技术，2015 年随陈志文老师学习面塑技术。擅长凉菜、食品雕刻、泡沫雕刻和面塑。

目录
contents

第二篇　面塑制作图解与欣赏

一、面塑制作图解

二、面塑作品欣赏

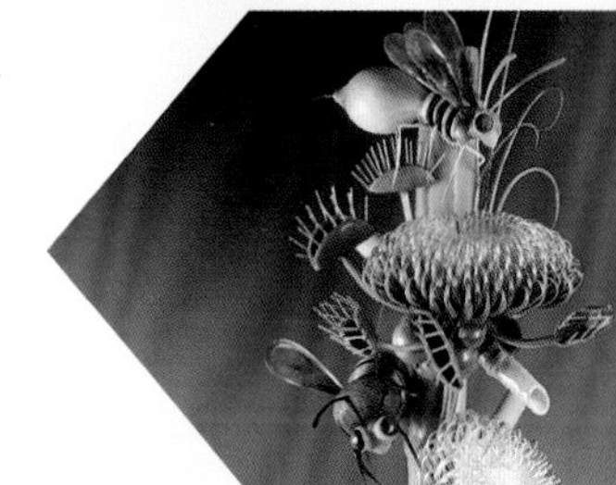

第三篇 糖艺制作图解与欣赏

一、糖艺制作图解

二、糖艺作品欣赏

第四篇 翻糖人偶制作图解与欣赏

一、翻糖人偶制作图解

二、翻糖人偶作品欣赏

第一篇 盘饰制作图解与欣赏

一、面塑盘饰制作图解与欣赏
（一）面塑盘饰制作图解
玫瑰花

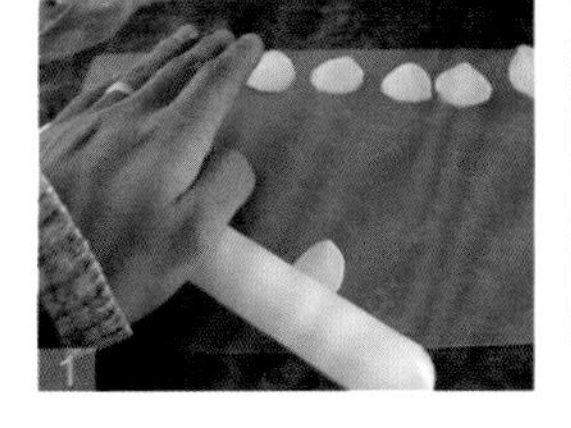

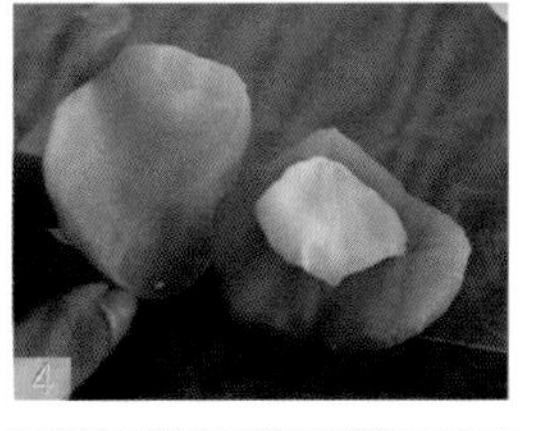

制作步骤

1 用擀面杖压薄花瓣，花瓣的根部要厚，花边要薄。
2 包出花心。
3 包到第二层的时候，花瓣开始慢慢向外散开。
4 包第三层花瓣时用模具压出花的纹路。
5 将模具压好的花瓣包上。
6 从第四层开始，用手卷出花边，每片花瓣要做出花肚子。
7 用压面板压出叶子。
8 然后把叶子绑在一起。
9 用剪刀剪出小花。
10 用大号圆形棒将小花瓣滚薄。
11 用压绿叶的方法压出花托并包上。
12 大花六层、小花四层，组装起来包在一起，用色粉上好颜色即可。

百年好合

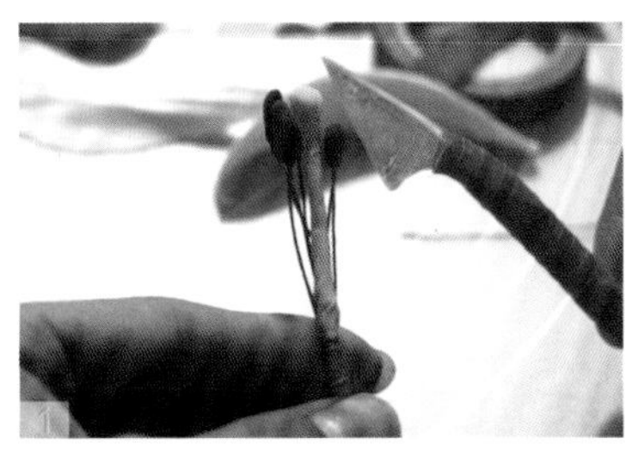

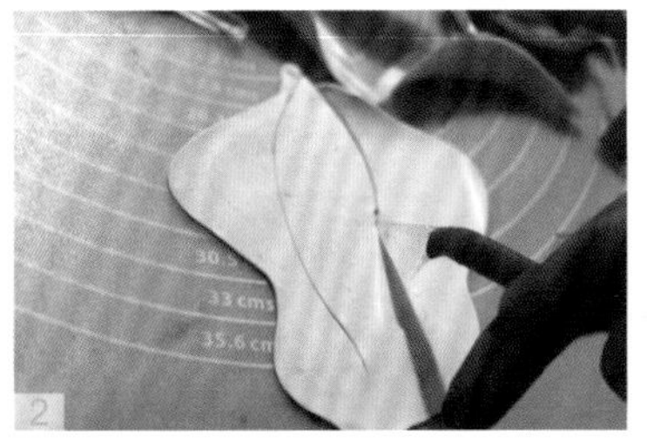

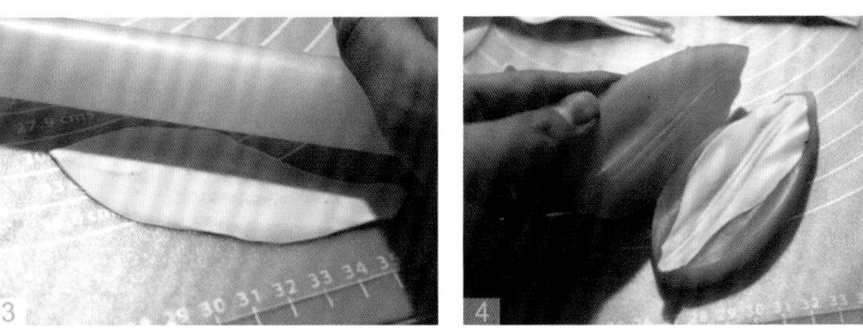

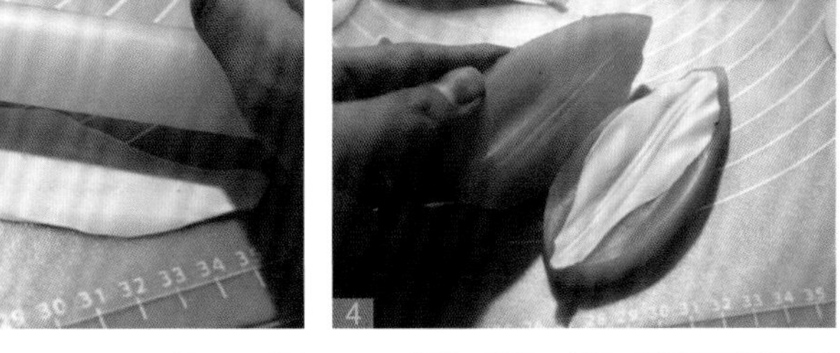

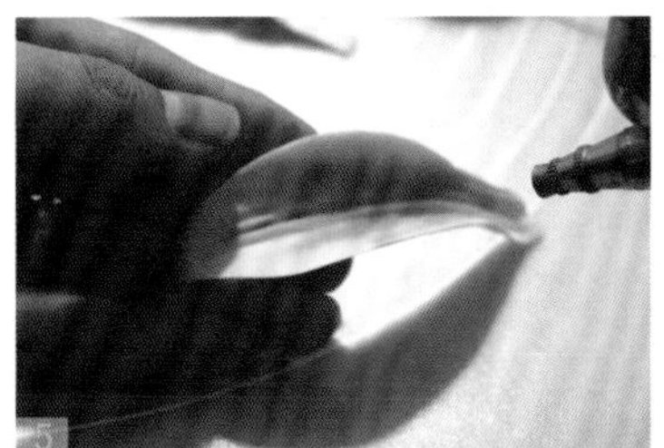

制作步骤

1 用切面刀压出花心的纹路。
2 用切面刀切出花瓣的形状。
3 用擀面杖压薄花边。
4 用模具压出花瓣的纹路。
5 用喷笔喷出花瓣的渐变色。
6 一朵花一共六瓣，每层组装三瓣。
7 做出花叶。
8 将花叶和花苞组装在一起。

天竺葵

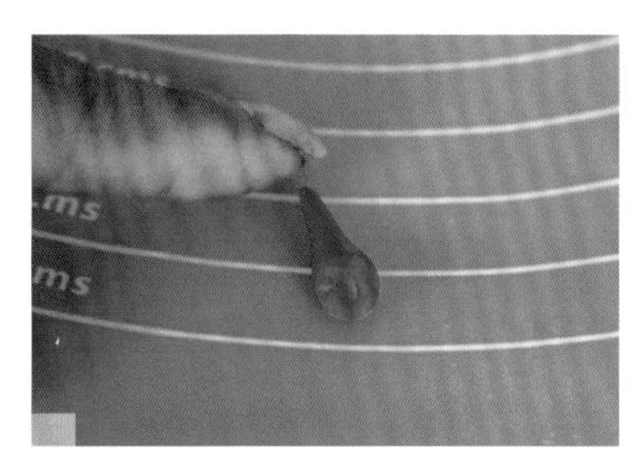

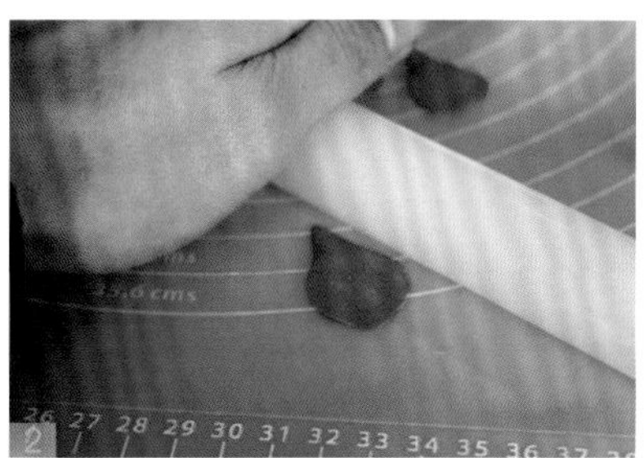

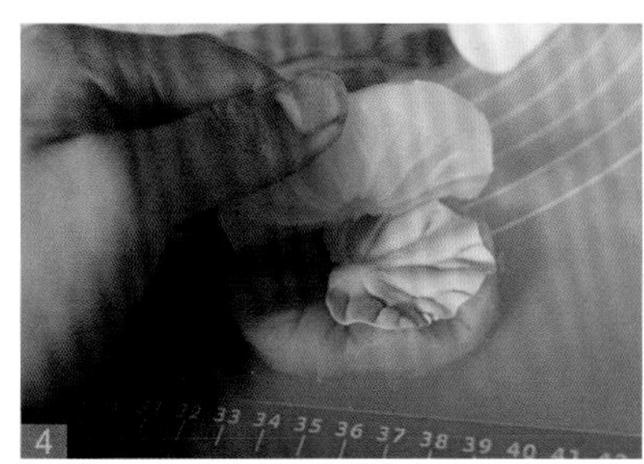

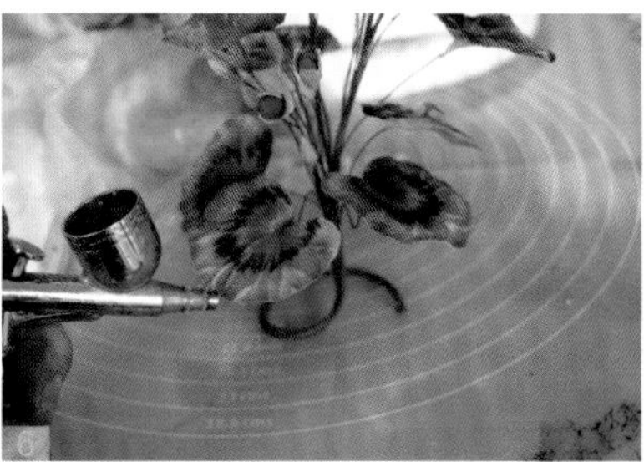

制作步骤

1 先用手指将面团搓出水滴形，用来做花边。
2 用擀面杖擀出花瓣。
3 做出花心，然后与花瓣组装起来，五瓣一朵。
4 用压荷叶的模具压出叶子。
5 用黑色色素画出花叶的纹路。
6 用喷笔喷出花叶的渐变色即可。

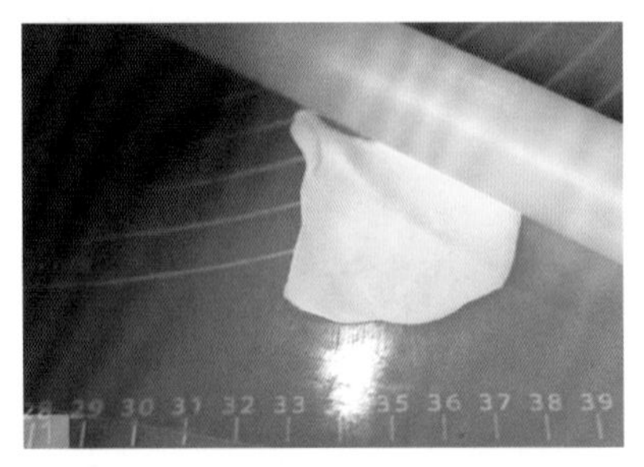

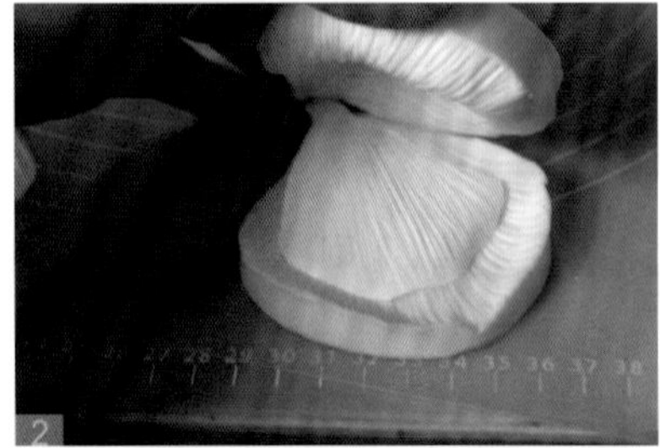

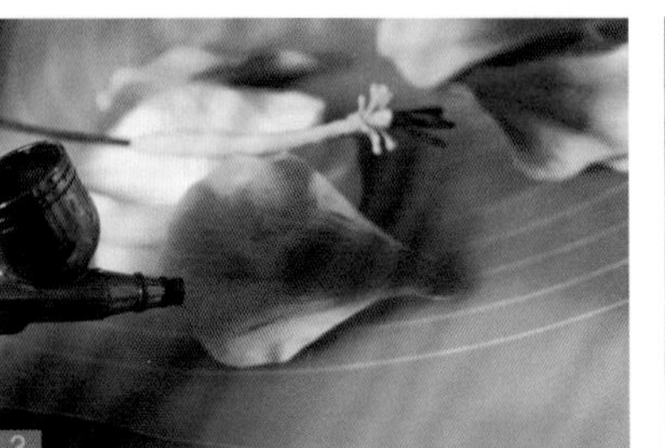

制作步骤

1 用擀面杖压出花瓣大形。
2 用花瓣模具压出纹路。
3 用喷笔将花瓣的渐变色喷上大红色。
4 粘上五瓣花瓣，然后将花心粘上。
5 将花叶装上后再用喷笔喷出渐变色。

紫气东来

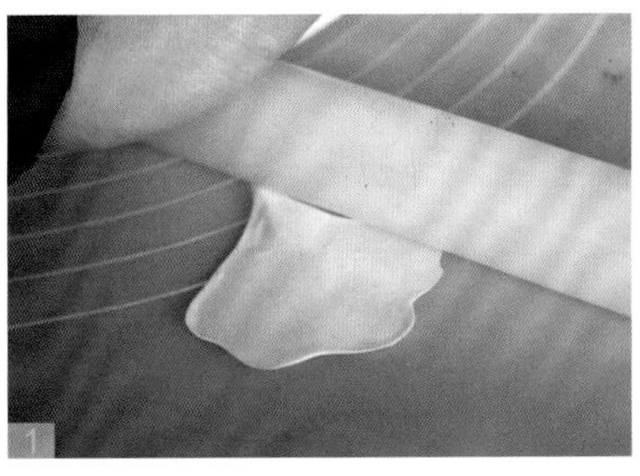

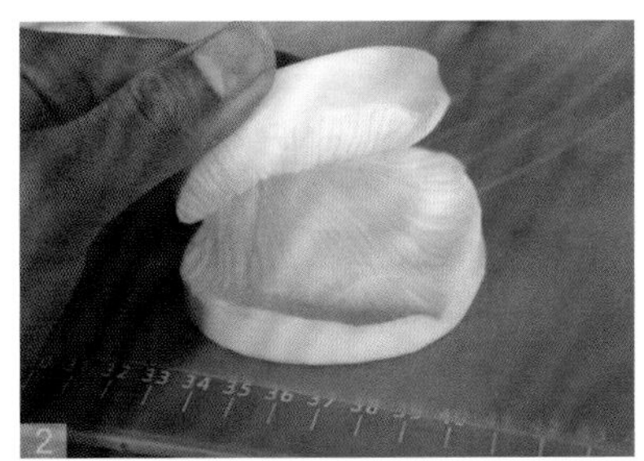

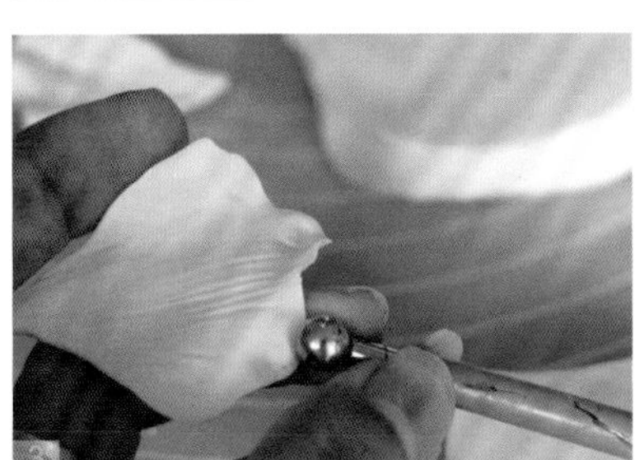

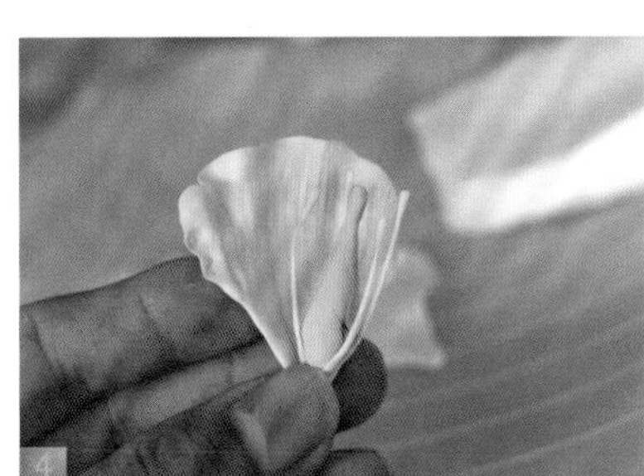

制作步骤

1 用擀面杖压出花瓣大形。
2 用花瓣模具压出花瓣的纹路。
3 用铁球刀滚出波浪纹的花边。
4 将花心和花瓣组装起来，每朵花五瓣。
5 在花边上刷上紫色。
6 将做出来的叶子与花苞组装在一起。

制作步骤

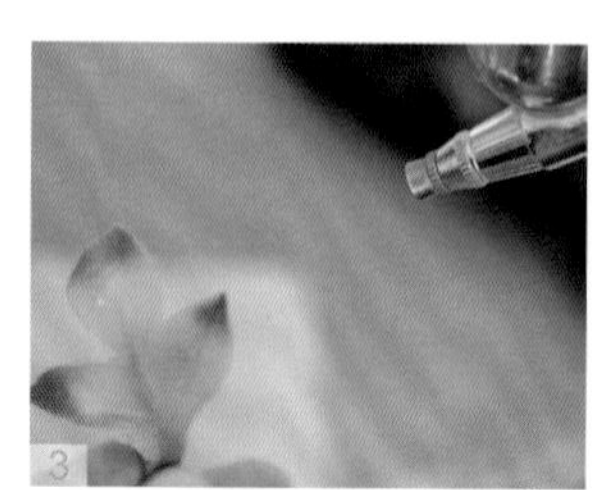

香依香伴

制作步骤

1 用红色糖体拉出圆片并剪下。
2 将剪下来的圆片卷成花心。
3 将做好的花瓣一层层粘接上。
4 粘到第五片的时候开始外翻卷。
5 将拉出来的花瓣整好形状。
6 粘接花瓣时要顺着一个方向粘接。
7 粘后面的花瓣时要根据花的大小来变化高低。
8 酒红玫瑰的特写。

晶莹剔透

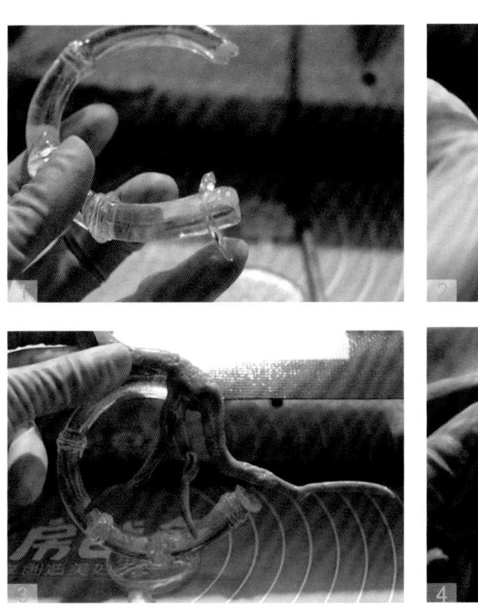

制作步骤

1 用透明的糖做出竹子的形状当作支架。
2 然后用剪刀压出竹子的关节。
3 用土黄色的糖做出树枝。
4 用透明的糖拉出花瓣并粘好，五瓣一朵。
5 将做好的花喷出不一样的颜色。
6 花的局部特写。

制作步骤

1 用透明的糖拉出一根根的花心并粘上。
2 先拉出牡丹花的花瓣，然后再拉出花瓣。
3 在糖体还没冷却之前用牡丹花模具压出纹路。
4 喷出每个花瓣的渐变色，大小共18片。
5 粘上牡丹花第一层的3片花瓣、第二层的4片花瓣、第三、四层是5片花瓣。
6 将做好的牡丹花粘在盘子上面。
7 粘上绿叶和竹子底座的特写。

透明虾

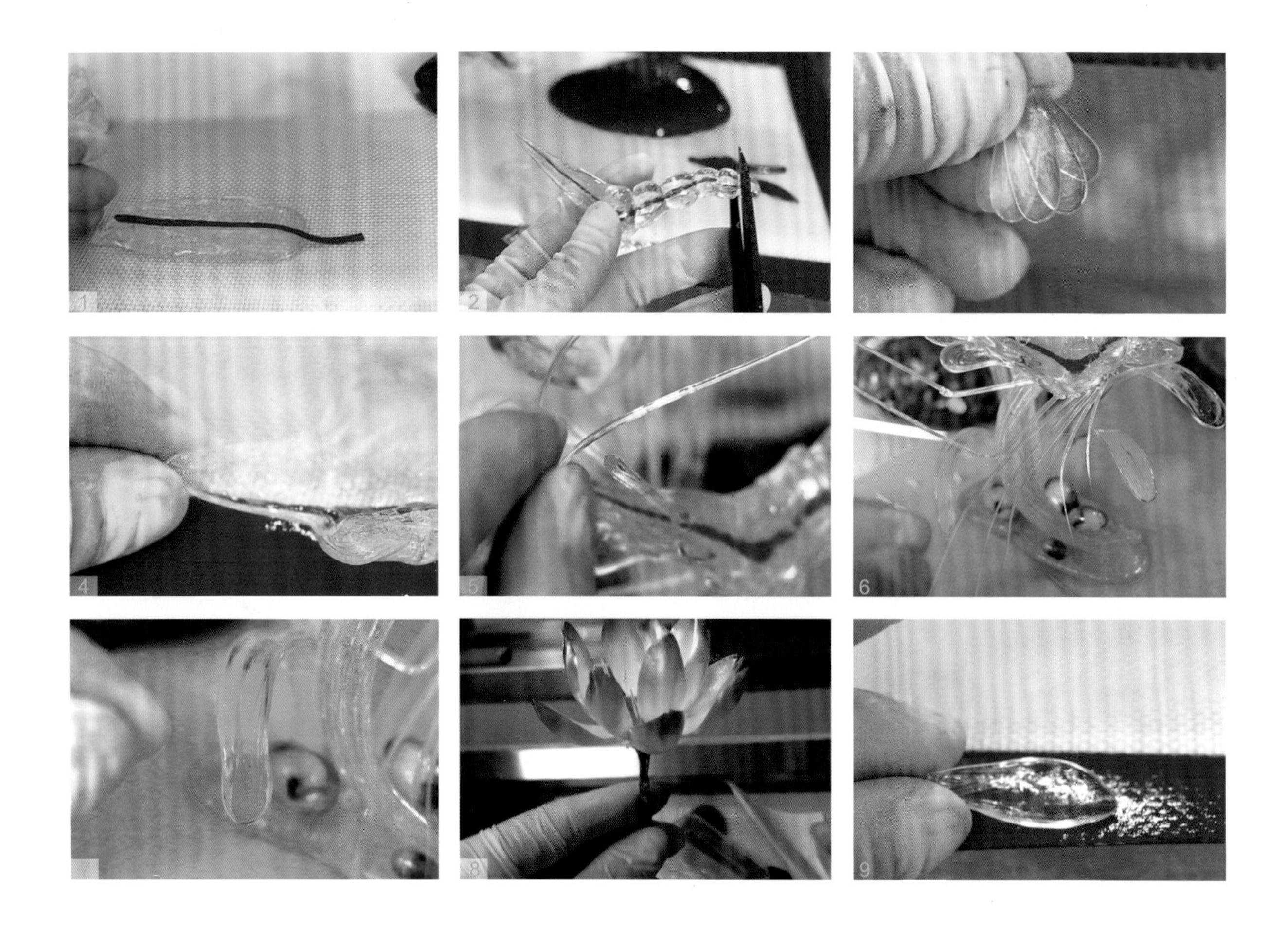

制作步骤

1 将红色糖拉成丝再放到透明糖体上包起来。
2 拉出虾头，再用剪刀剪出虾的关节，共5~6节。
3 用透明的糖拉出透明虾的尾巴。
4 用两只手指将透明的糖拉出细丝，用来做虾的脚。
5 粘上虾的长须和腿。
6 做出虾的虾钳和关节并粘上。
7 用绿色糖做出草和荷花叶。
8 荷花特写。
9 透明水仙花瓣特写。

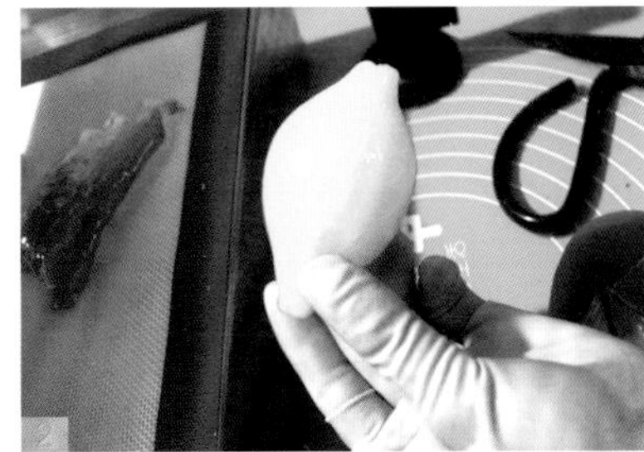

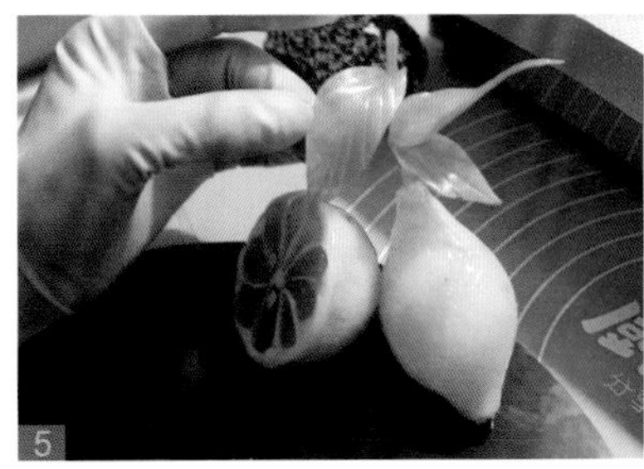

1 先将糖吹出柠檬的形状。
2 将柠檬的尾部用剪刀压出来，用火山石挤压出柠檬的纹路。
3 用透明黄色糖剪出三角形，和白色糖拼接成一个圆形。
4 用压面板将柠檬片整理好。
5 将做好的柠檬组装到盘子上面，再粘上叶子。
6 将做的柠檬和叶子喷上颜色。
7 柠檬细节图。

番茄

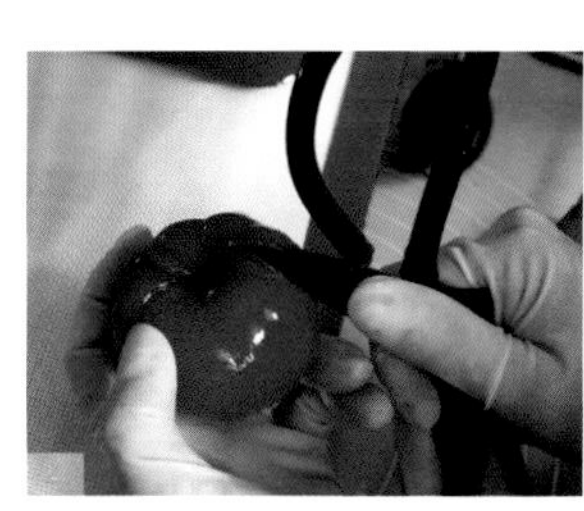

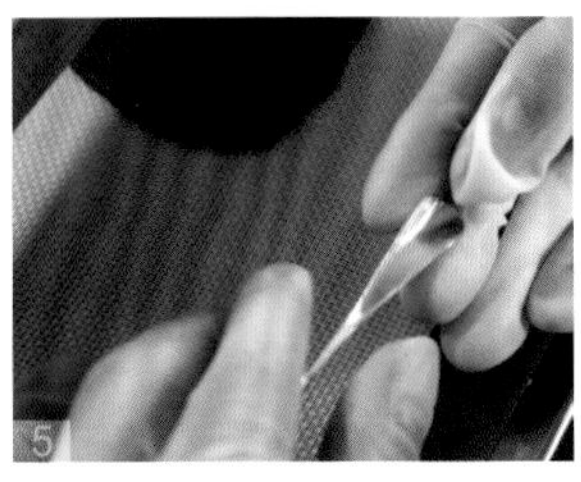

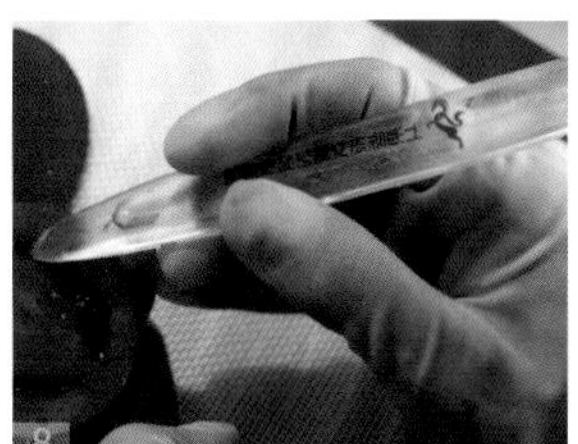

制作步骤

1 将红色糖体和透明糖叠一起。
2 用准备好的糖包住气囊。
3 用气囊加气吹出圆形，待糖冷却后取下来。
4 在接口的口子上做出番茄的纹路。
5 用绿色糖体拉出叶子。
6 将做好的叶子装上去。
7 再做出番茄的柄，装好即可。
8 用拉过的红色糖做出半个用刀切开的番茄，然后再用开眼刀压出里面的纹路。
9 用透明糖在外面包上一层番茄皮。
10 将做好的番茄装到盘子上做装饰。
11 番茄特写。

小金鱼

制作步骤

1 先吹出鱼的大形。
2 用鱼尾模具压出金鱼的尾巴，然后摆出想要的造型。
3 做好五片尾巴，一片片粘上去。
4 将白色糖和透明色糖放在一起，做出渐变的效果。
5 再用模具将背鳍压出纹路后粘上去。
6 将做好的鳞片粘上。
7 用红色的糖体拉成薄片，粘上做出鱼鳃。
8 将红色糖和白色糖混合，做出鱼嘴。
9 将鱼眼睛装上。
10 把鱼头上的头瘤用透明糖粘上后，用铁皮开眼刀压出纹路。
11 用透明糖做出水浪，用作支撑。
12 将做好的金鱼装在水浪上面。
13 用白色糖体拉出荷花。
14 做出莲蓬。
15 将做好的荷花瓣喷上黄色，头部喷红色。
16 将做好的荷花瓣组装起来。
17 每一层六瓣，共三层。
18 将做好的荷花装上去。
19 金鱼的细节图。

天 鹅

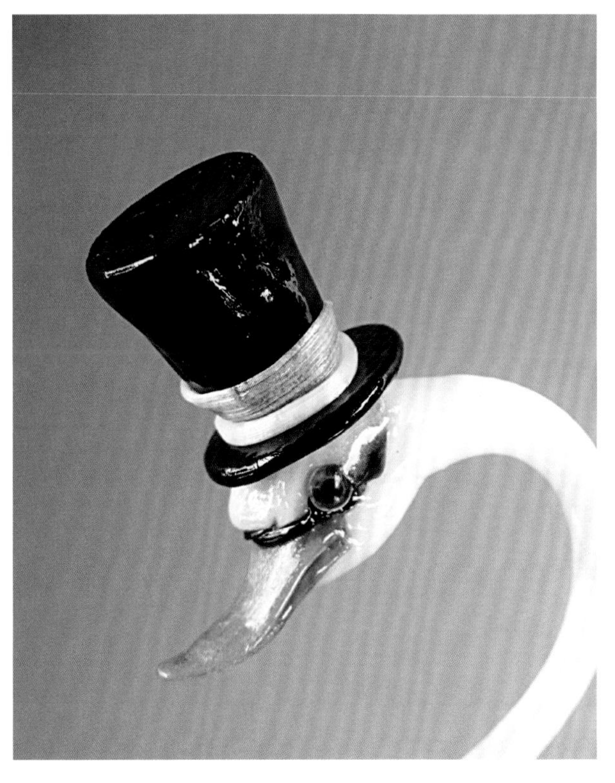

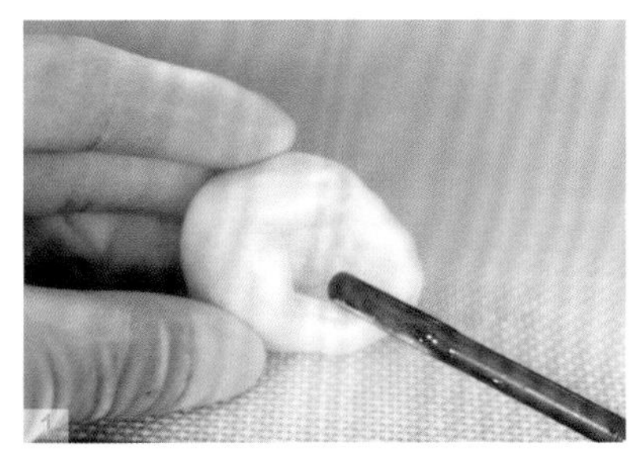

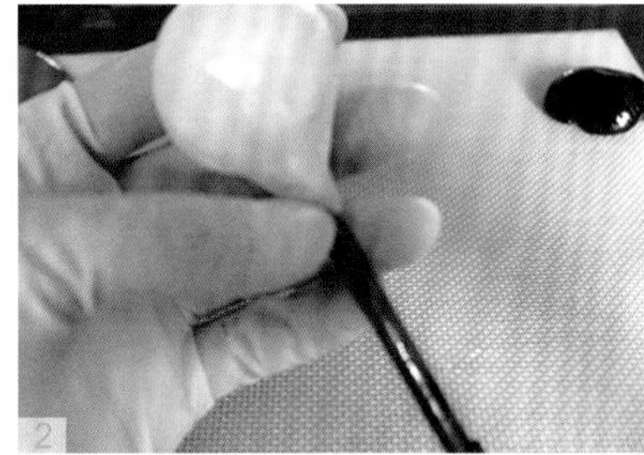

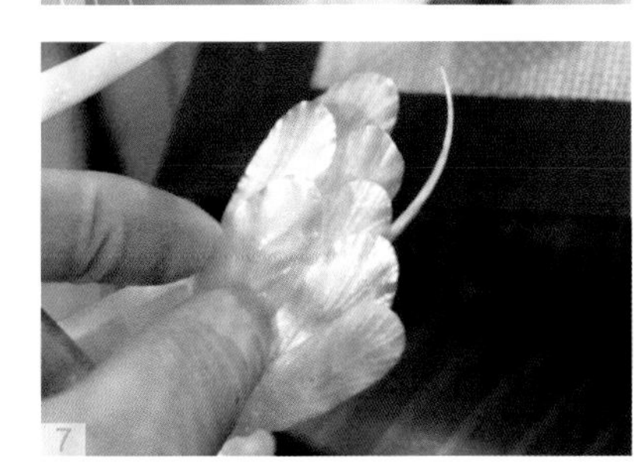

制作步骤

1 将糖体揉成气球形，把气囊的管子放进去。
2 然后把口子粘接起来，先吹出圆形。
3 用手将糖体拉出天鹅的脖子，然后摆出想要的形状。
4 加气将天鹅肚子吹大，加气的时候注意脖子不要吹得过大。
5 用橙色糖做出天鹅的嘴巴并粘上，在眼睛的位置贴黑色糖和仿真眼。
6 用黑色糖做出魔术帽，粘到天鹅头上。
7 拉出天鹅的羽毛，加上一些细条，一根一根粘上即可。

（二）糖艺盘饰欣赏

母 爱

菊花

铜钱草

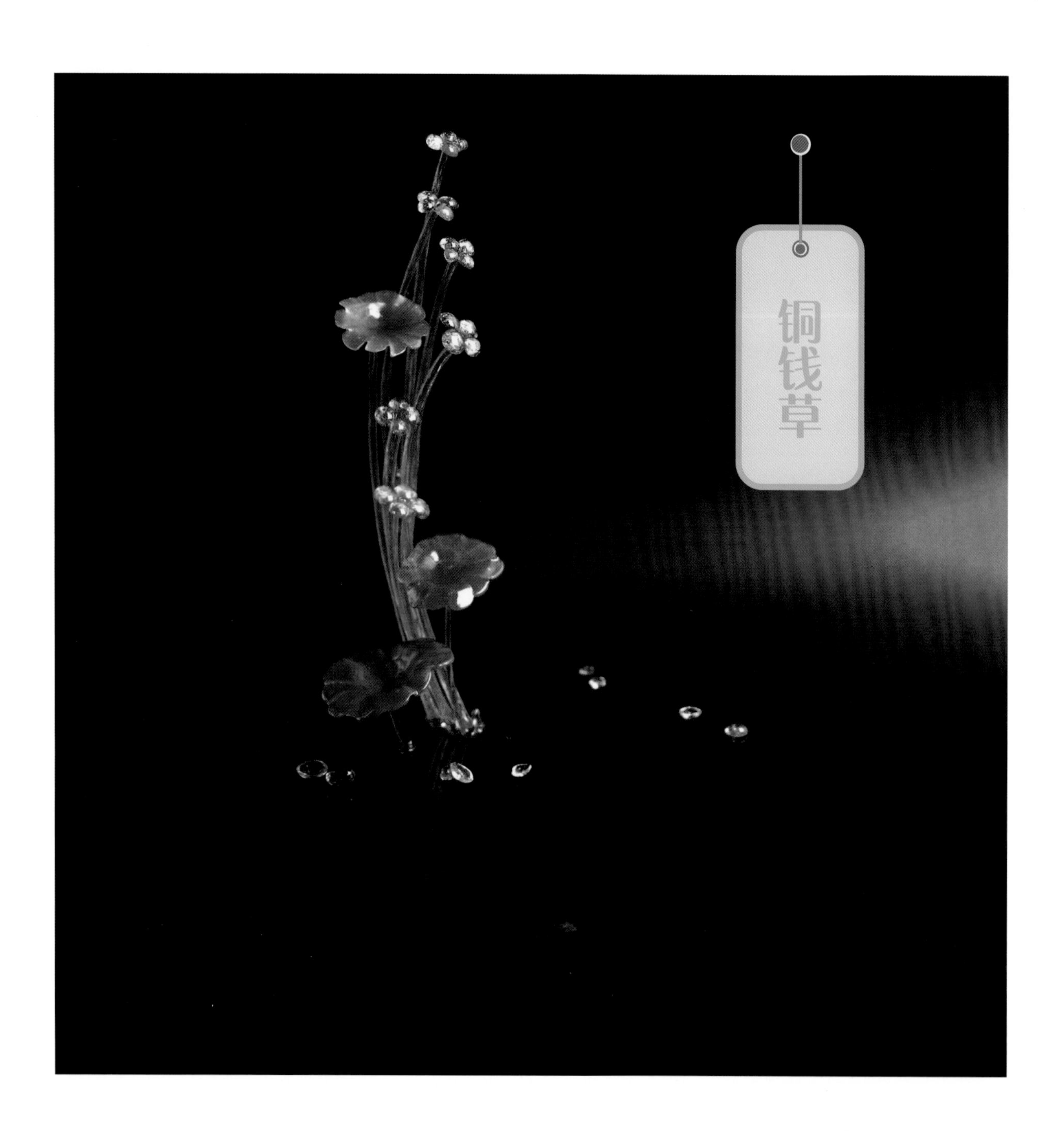

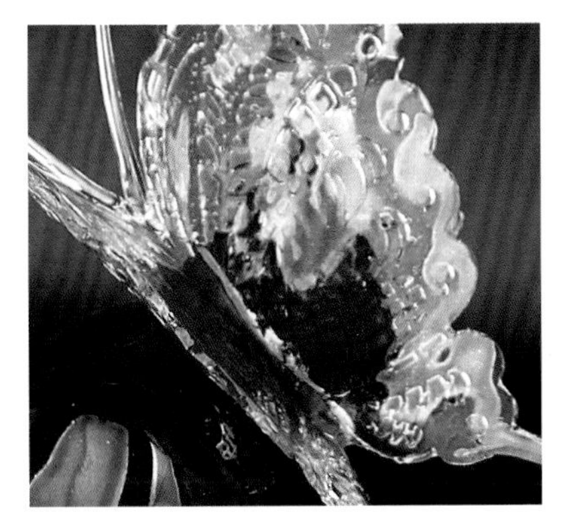

樱　桃

私家花园

兰花

红金鱼

多肉植物

第二篇 面塑制作图解与欣赏

面塑面团的调制

制作步骤

1 准备好所需的材料。

2 准备500克面粉。

3 加入280克糯米粉。

4 加入40克白砂糖。

5 用手抄拌均匀。

6 加入4克盐。

7 加入120克山梨酸钾，拌匀。

8 加入60克糖浆。

9 加入120克甘油和500克水。

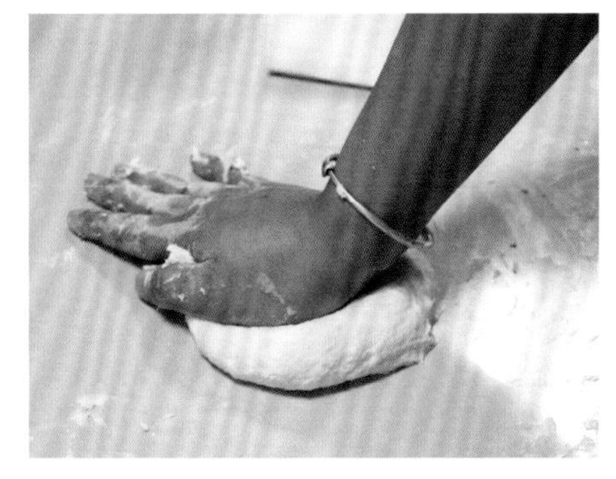

10 然后用手揉搓均匀成团。

11 将搓好后的面团用保鲜袋装好。

12 将面团压至2厘米左右厚，放到蒸锅中蒸25分钟左右。

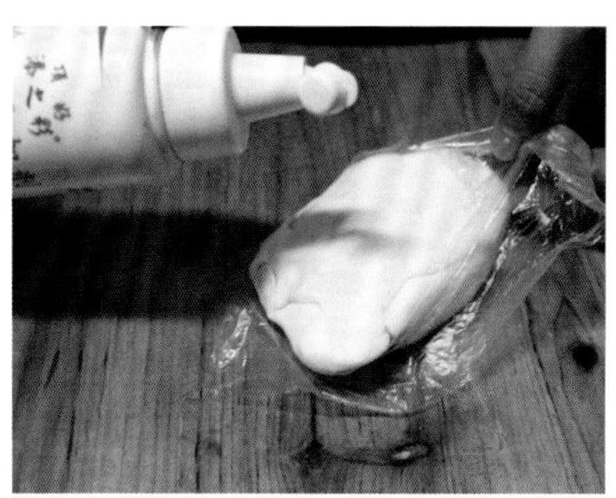

13 将食用色素加入面团中。

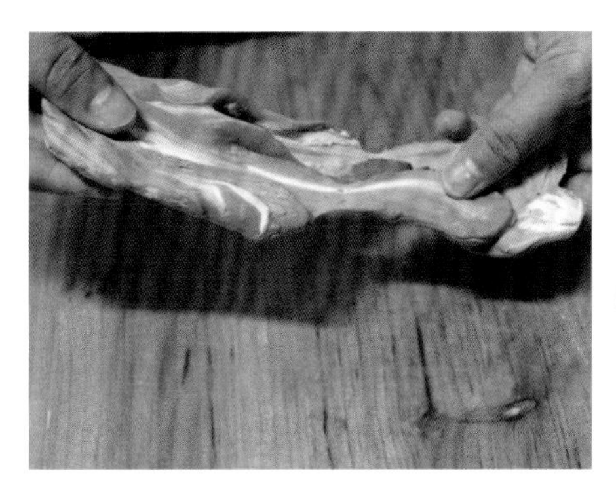

14 将食用色素和面揉匀即可使用。

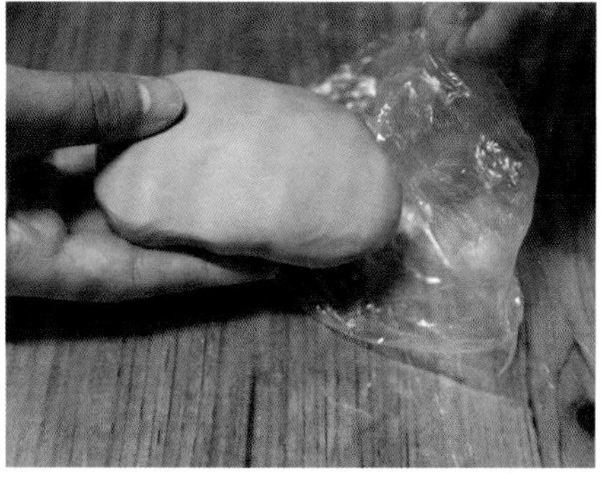

15 将和好的面团装入保鲜袋保存备用。

温馨提醒

1 蒸面时间越长，面团弹性就会越大，一定要把握好时间，不宜太长。

2 在和面时用水量太多蒸出来的面团会变得很稀，这种情况可以选择用羧甲基纤维素钠和生粉适当调整。

3 在和面时用水量太少蒸出来的面团会比较干硬，这种情况可以选择用羧甲基纤维素钠和糖浆适当调整。

4 通常面塑色彩调配有食用色素、水彩、色粉、丙烯浓缩颜料等，用水油性食用色素调出的面团透明度高，一般用作人的皮肤和飘带，而用丙烯浓缩颜料调出的面团透明度会比较低，通常用来做头发、衣服等。

富贵长春

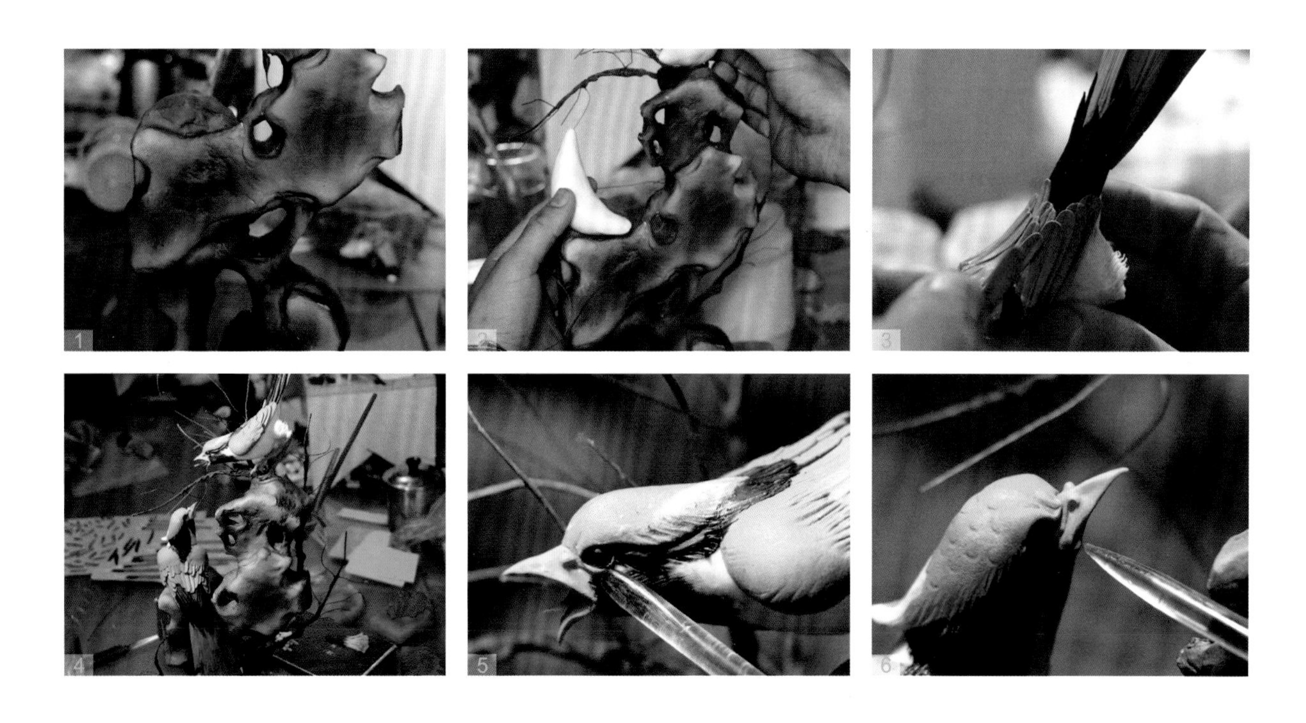

制作步骤

1 做出假山的造型。
2 做出树枝和鸟的造型并摆放好位置。
3 贴上鸟的羽毛。
4 装上蓝鹊。
5 用小号主刀做出蓝鹊的眼角。
6 使用圆形尖刀做出闭合的嘴角。

7 喷出牡丹花的过渡色。
8 做出花心。
9 装上大红色牡丹花。
10 装上花叶。
11 喷出粉红色的牡丹花的过渡色。
12 黄叶的上色效果。
13 绿叶的上色效果。
14 装上花叶。
15 画上蓝鹊的羽毛花边。
16 学员作品特写。

龙凤呈祥

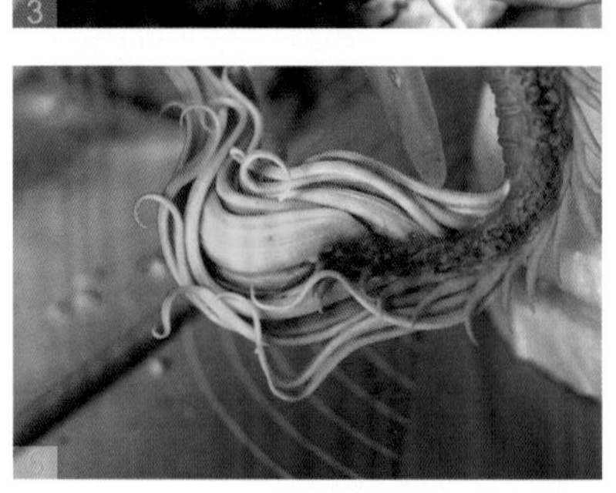
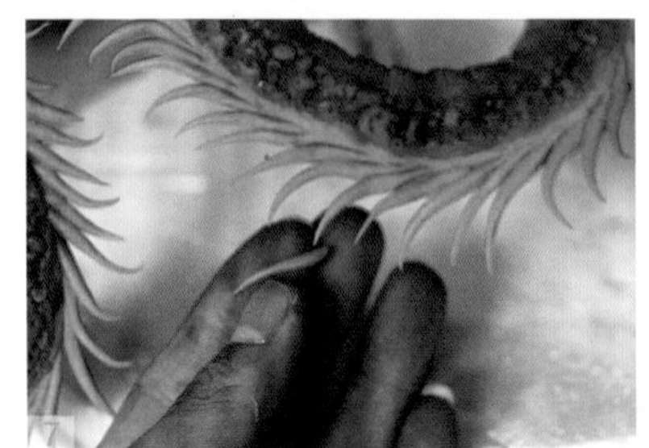

制作步骤

1 将龙的鼻子塑出带钩。
2 用红色面做出龙眼睛的眼角，用黄色面盖顶，让眼睛显得有凶气。
3 再贴着嘴角做出S形，再用黄色面和龙角接上。
4 在龙角接口的位置上塑出纹路，显示长出来的感觉。
5 再接着下嘴唇做出S形。
6 将龙尾巴贴上，做出飘逸感。
7 将面搓成尖角用来做背鳍。
8 用火山石搓出龙皮。
9 装上龙爪，做出很有力的感觉。

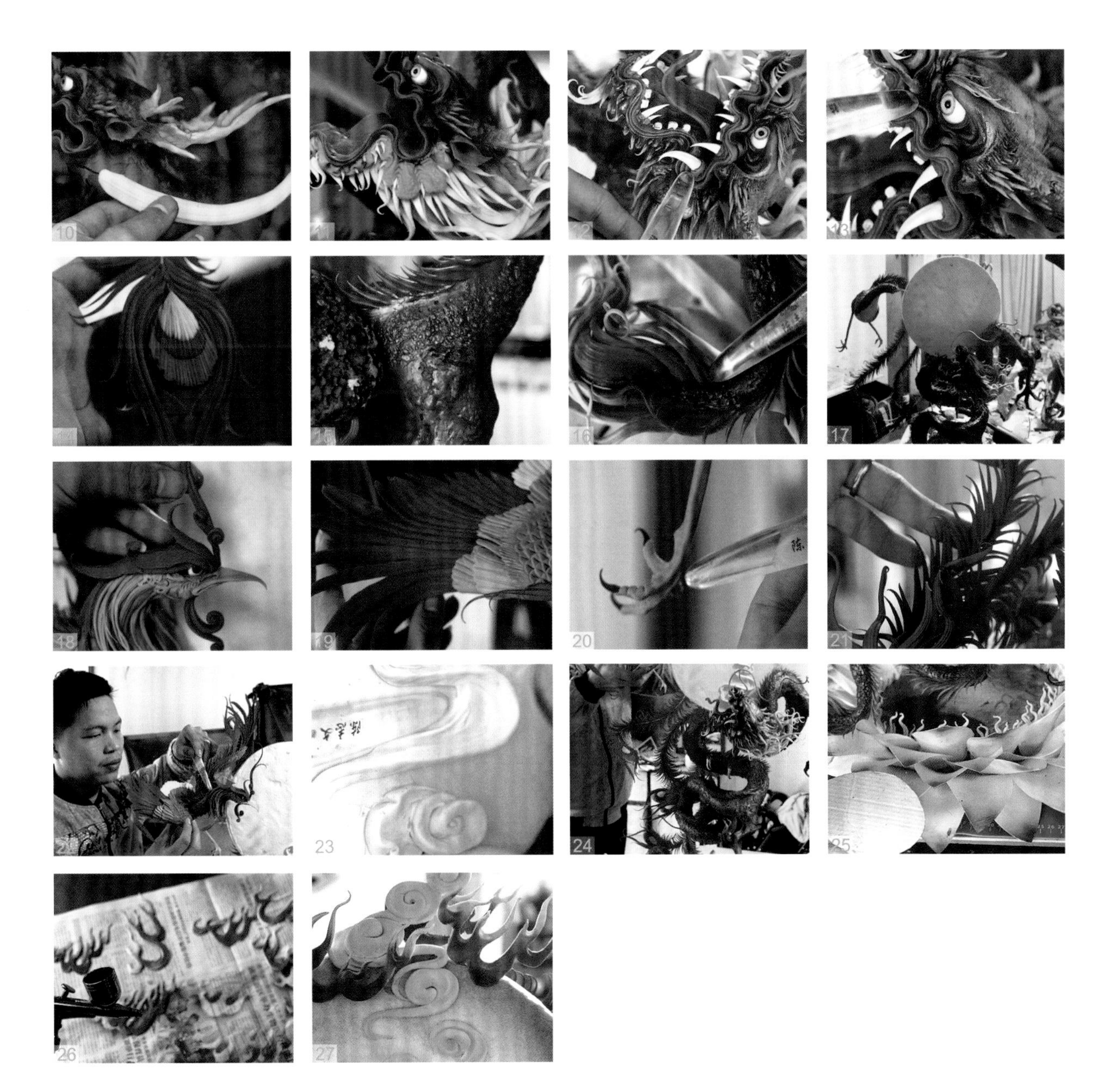

10 装上龙身上的长毛发。
11 再将龙脸上的咬肌装上。
12 装上龙舌头和牙齿。
13 装上龙须。
14 将凤凰尾巴搓成细条，组装起来。
15 将龙身喷上金色。
16 将尾巴喷上红色作为过渡。
17 将凤凰组装起来。
18 再将凤凰头上的配饰装上。
19 装上凤凰翅膀并调整方向。
20 用主刀塑出凤凰的爪子。
21 装上凤凰尾巴，在接口做上配饰。
22 塑上接口处的疤痕。
23 塑出圆月上的祥云。
24 半成品。
25 用剪刀做个模具，开出花瓣，贴出莲花底座。
26 用黄色面塑出火焰后再喷上红色。
27 将做好的火焰粘在圆月和祥云上面。

起 舞

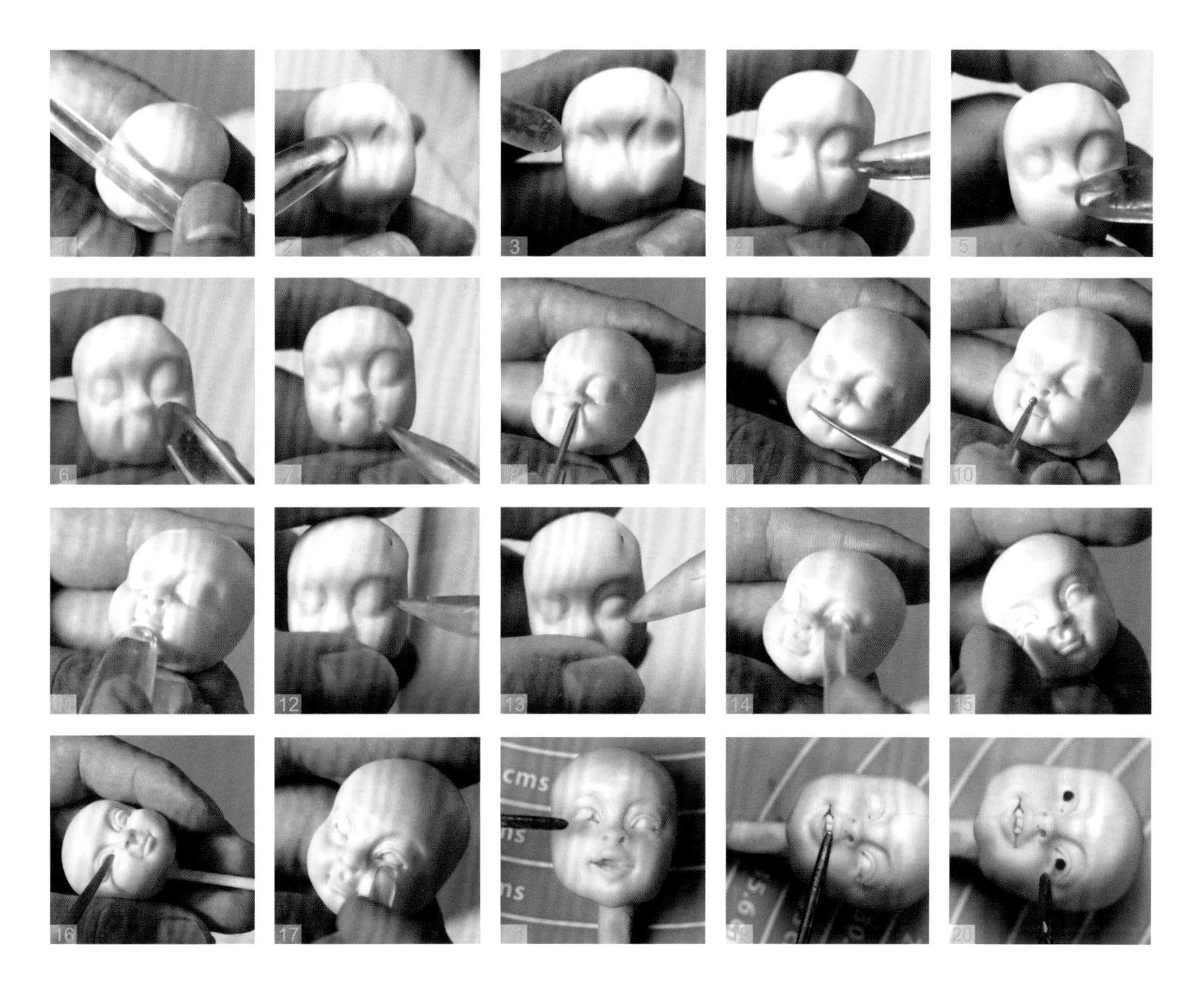

制作步骤

1 先用大号圆形刀从中间的位置压一刀。
2 在脸部两边压一刀，定出鼻子的宽度和眼眶的高度。
3 用大号圆形刀定出眼角的位置。
4 再用主刀从眼角压过来，定出眼窝。
5 用主刀压出鼻子的长度。
6 用主刀定出嘴巴的宽度，和鼻子的宽度一样就行。
7 用大号圆形刀定出嘴巴的位置。
8 用小号球刀调出鼻子，在调的时候擦点油。
9 用铁皮开眼刀压出嘴巴。
10 再用球刀压出人中。
11 再用主刀从下往上推出嘴唇，把嘴角收进去一点。
12 定出眼睛的位置。
13 用开眼刀开出眼睛。
14 用小号主刀压出双眼皮。
15 用开眼刀压出下眼睑。
16 再用铁皮开眼刀把眼珠压进去。
17 再用小号主刀挤压出下眼皮。
18 用白色面贴出眼睛的眼白。
19 先用肉粉色的面做出舌头并贴上去，再用白色面做出牙齿装上去。
20 用黑色面贴上眼珠后用铁皮开眼刀压紧。

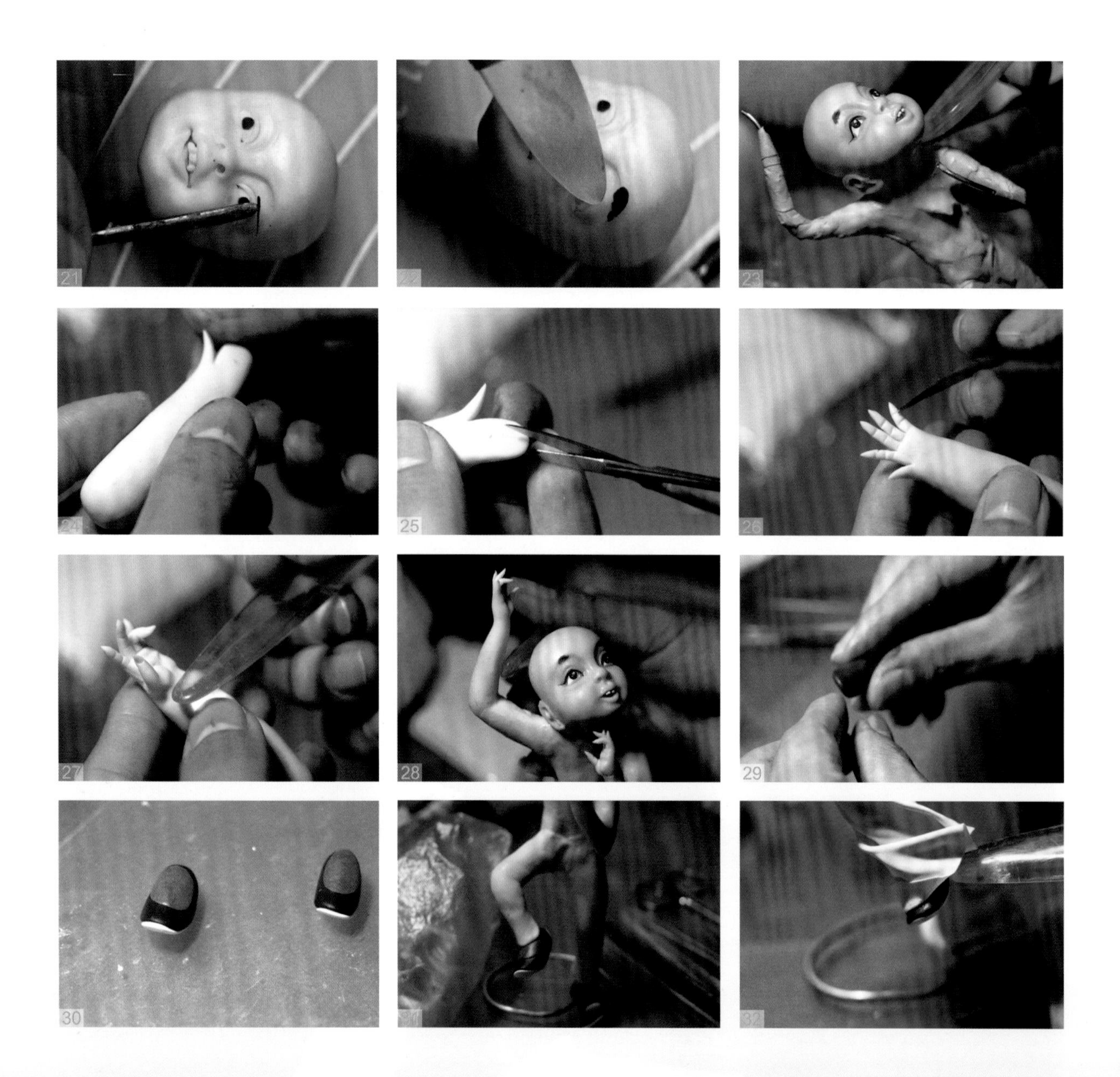

21 用黑色面搓出线条，然后装上眼睫毛。
22 将黑色面搓成水滴形的眉毛贴上去，再用开眼刀压出纹路。
23 将头部装在做好的支架上，用面贴住脖子。
24 用剪刀剪出大拇指。
25 再用剪刀把四只拇指剪开。
26 将剪好的拇指用手搓圆，再用开眼刀压出关节。
27 用主刀压出手掌的纹路。
28 将做的手装上去。
29 捏出小鞋。
30 小鞋的大形。
31 把鞋子装上。
32 用主刀塑出白色裤子的纹路。

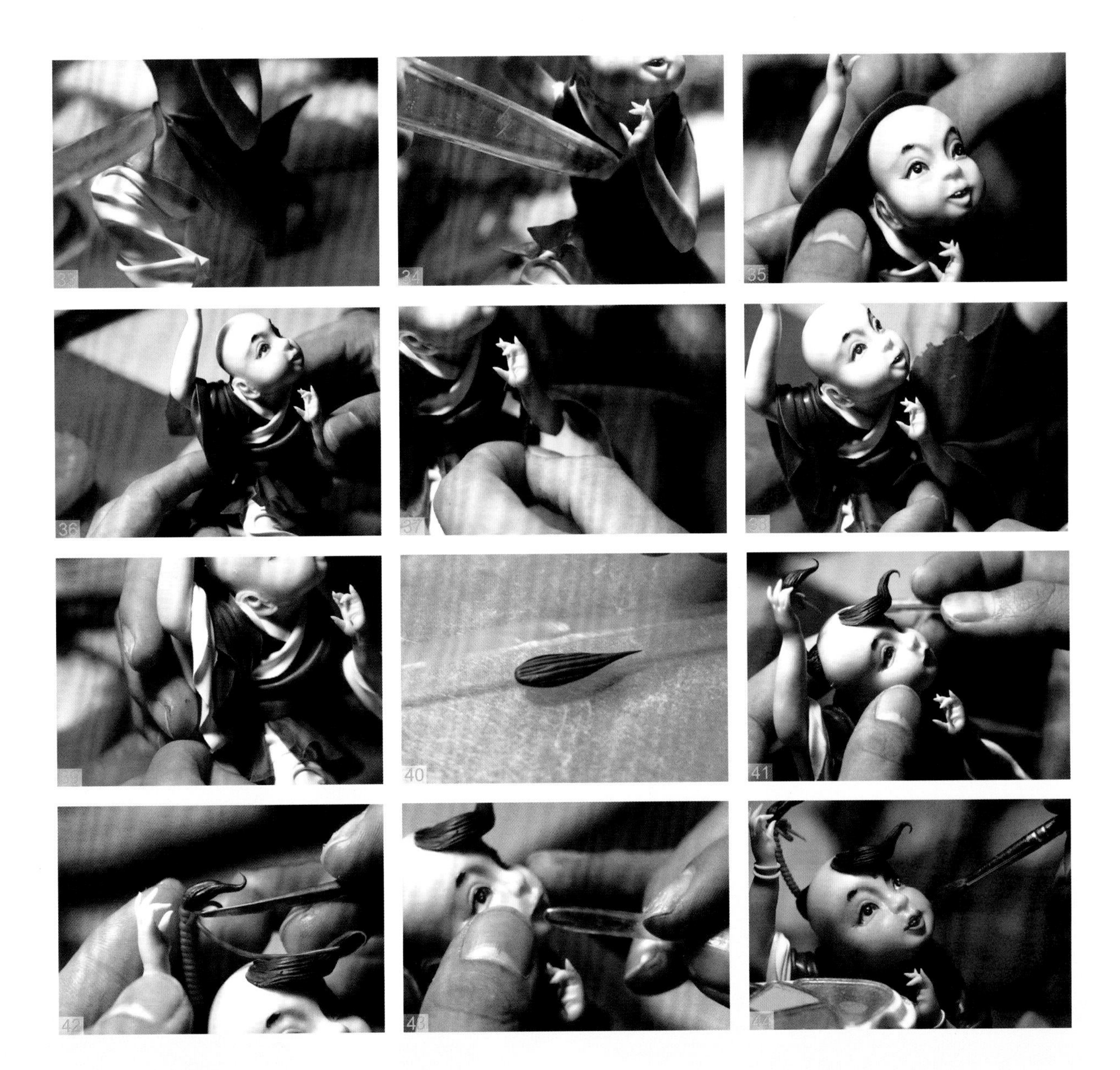

33 穿上紫色的裙摆再用主刀压出褶皱。
34 穿上衣服后用主刀压出白色的衣领。
35 将擀好的面皮做成袖子。
36 袖子的纹路要自然。
37 用面皮做成衣袖并穿在左臂上。
38 折出衣服的纹路一直连接到接口为止。
39 再将做好的白色面皮装在袖口里面。
40 再将面团搓出水滴形，用压面板压出纹路。
41 装上小孩前面的头发。
42 用红色面搓成线条，绑出辫子。
43 再用肉粉色的面贴出嘴唇。
44 给做好的小孩化妆，让其显得更活泼。

紫衣女

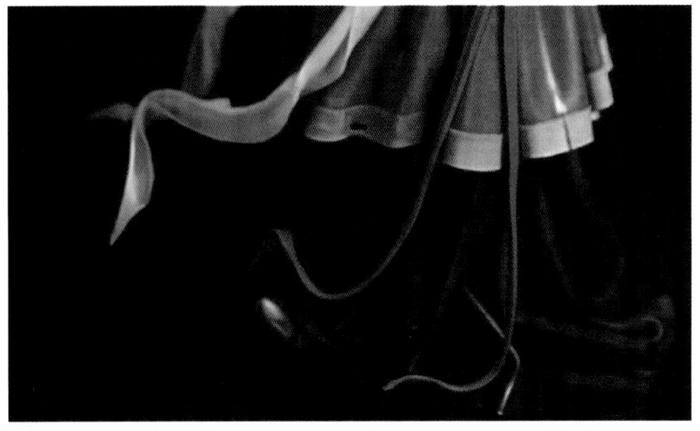

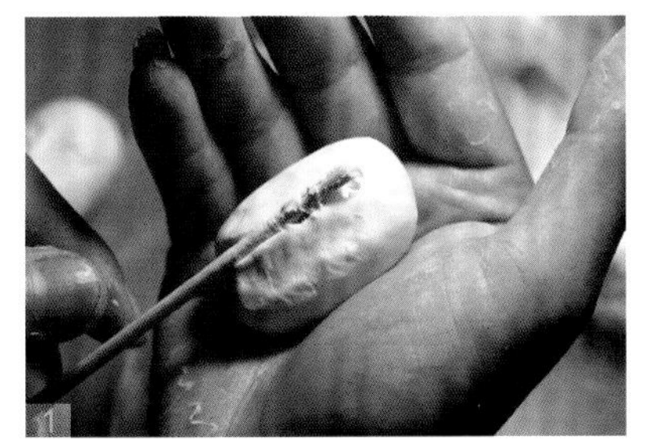

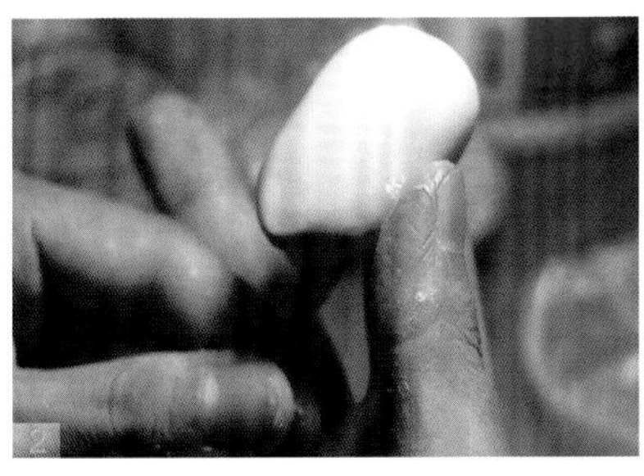

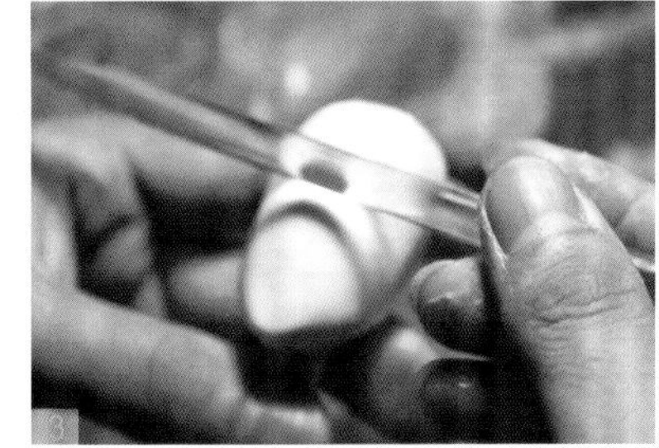

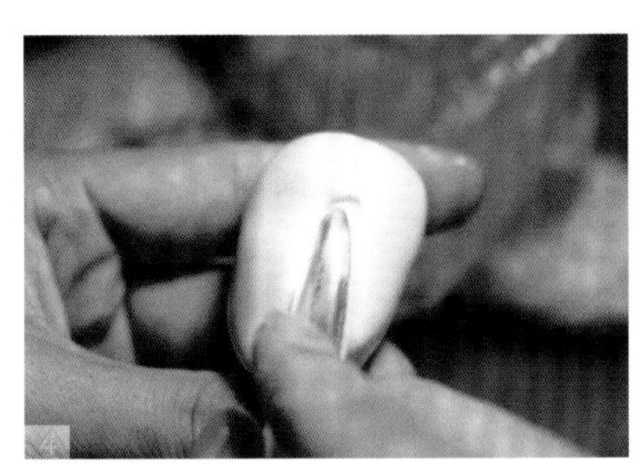

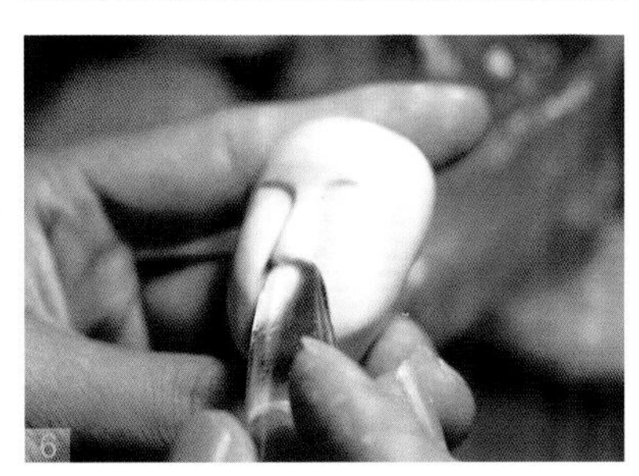

制作步骤

1 将揉好的面团粘在竹签上。

2 在制作前将凡士林或白油擦在面上抹光滑以防干得太快。

3 用大号圆球刀在面团上面三分之一的位置压出眼睛的位置。

4 用主刀先压出左边脸。

5 再用主刀压出右边脸，并把鼻子和眉毛的位置定出来。

6 用主刀推出鼻子的长度，鼻头的原材料留多一点好开鼻孔。

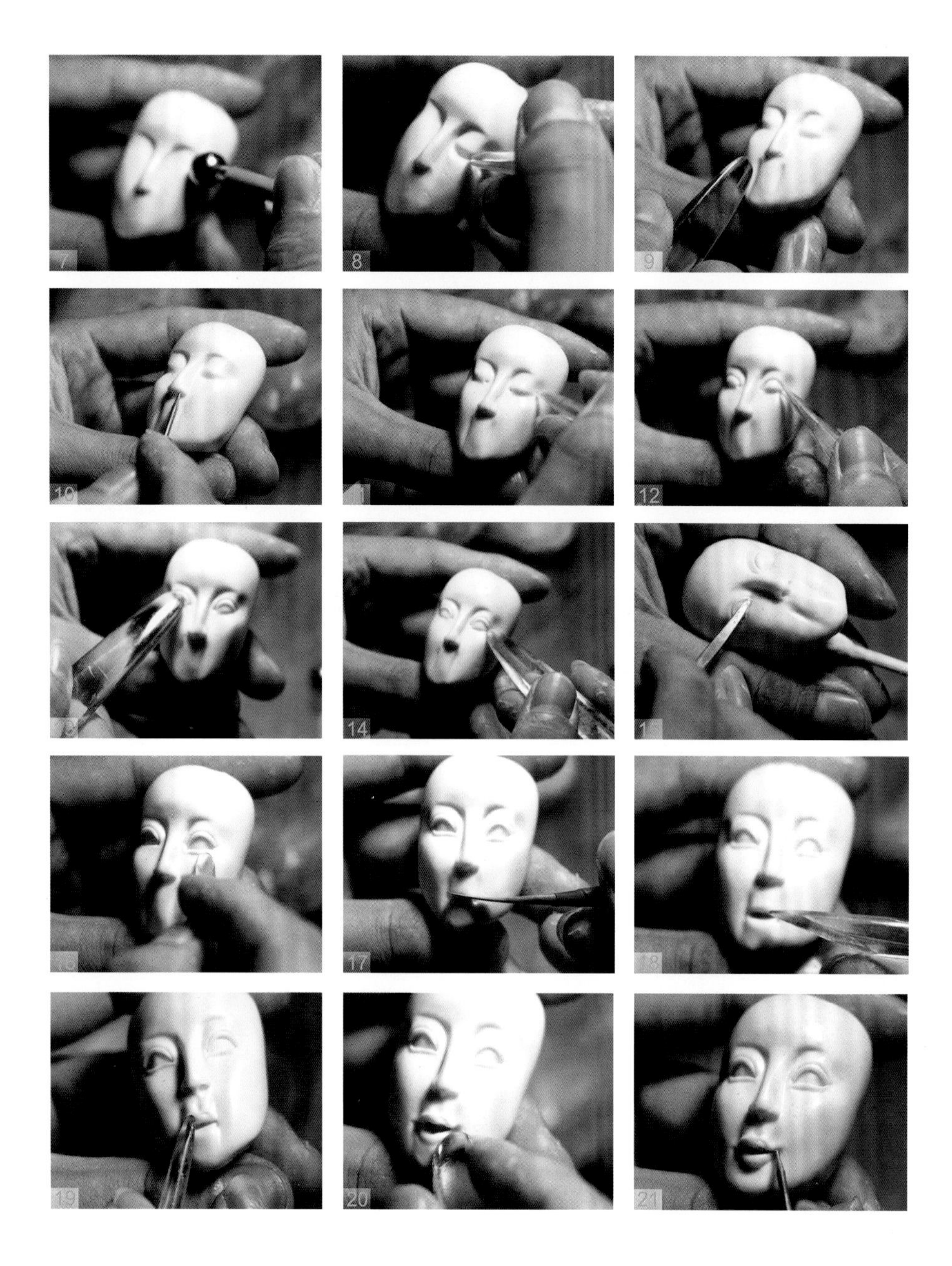

7 用圆球刀定出眼窝的位置。
8 在下眼窝的位置开出眼球。
9 用主刀压出嘴巴的位置，这样开嘴巴就不会宽。
10 用小号球刀挑出鼻孔。
11 用小号圆形刀定出眼睛的宽度。
12 用开眼刀开出眼睛。
13 再用主刀挤压出双眼皮。
14 在开出眼睛的位置压出下眼皮。
15 再用铁皮开眼刀压出眼珠。
16 用小号主刀推出下眼袋。
17 用铁皮开眼刀开出嘴巴的长度。
18 再用开眼刀开出嘴巴。
19 用小号主刀推出上嘴唇。
20 用主刀推出下嘴唇。
21 再用小号球刀把嘴角推进去。

22 做好的效果。
23 用白色面做成眼白并贴上。
24 用黑色面做成眼睛并装上。
25 用黑色面搓出线条，做成眼睫毛和眉毛并贴上去。
26 将面搓成长条，前面压扁好做手掌。
27 用剪刀剪出五指。
28 再用铁皮开眼刀压出手的关节。
29 再用主刀把手掌的掌纹推出来。
30 手的成品。
31 塑出衣服。
32 折出衣服的纹路。
33 将红色面压薄，再用切面刀切出红带。
34 将做好的红带装上。
35 配上白色飘带。
36 用切面刀把发饰压出纹路。
37 给做好的仕女上妆。
38 再将做好的眉毛用铁皮开眼刀切出细细的眉毛。

昭君出塞

制作步骤

1 塑出裙子的纹路。
2 将头部装上，塑出锁骨。
3 装上手，做出抓树枝的感觉。
4 装上大衣的白色边边。
5 再塑出衣纹。
6 装上头发。
7 再把头上的头发装出飘逸的感觉。
8 给仕女手上做支树枝装上。
9 再装上红色飘带。
10 给仕女化妆。
11 用球刀做出梅花。

布袋和尚

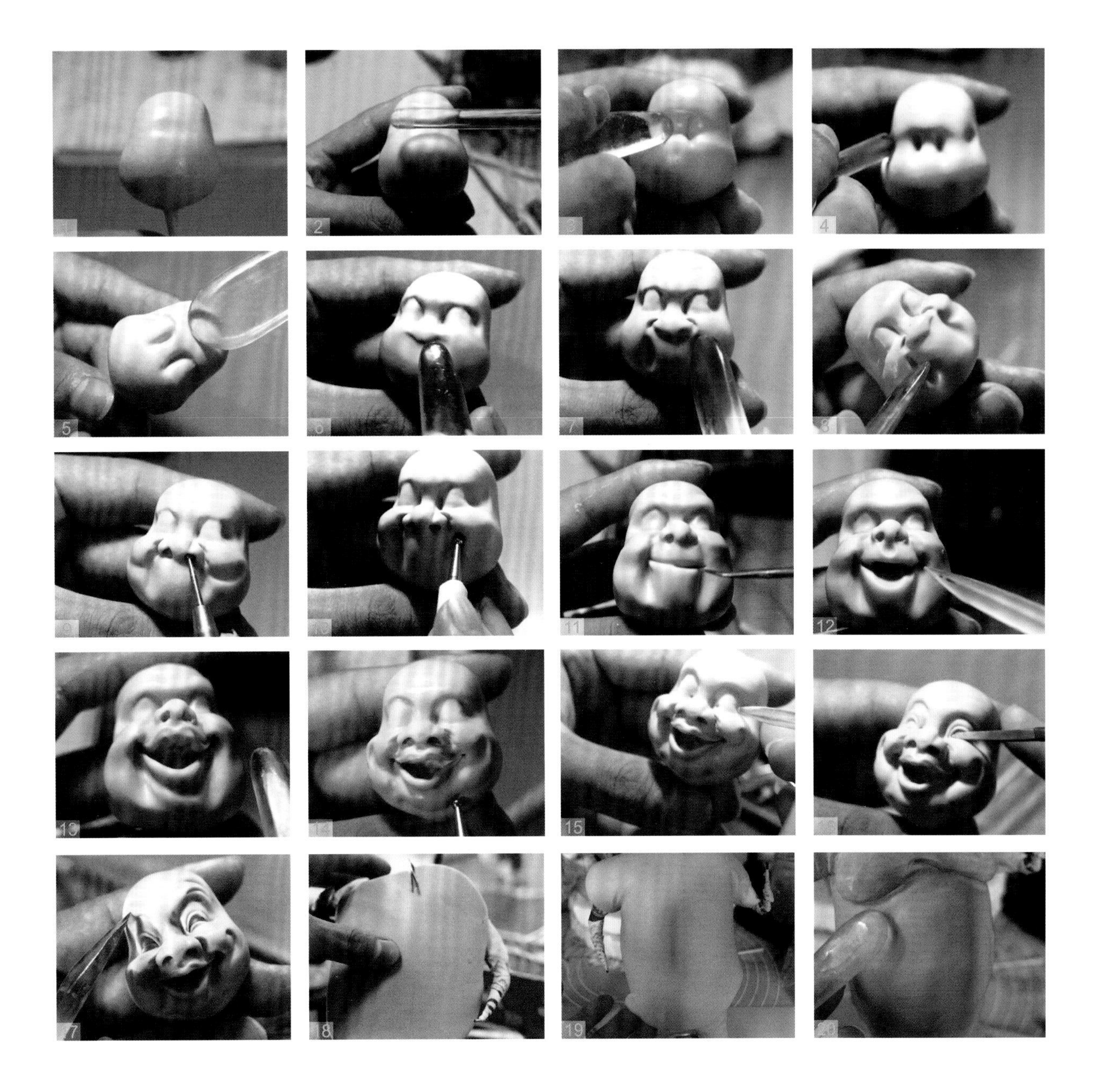

制作步骤

1 先用面团做出弥勒佛的大形。
2 使用大号圆球刀在面团上面三分之一的位置压下去。
3 用主刀压出鼻子的位置。
4 再用大号圆球刀定出眼角。
5 用主刀将眉骨挤压出来。
6 用主刀推出鼻子的长度和大小。
7 用主刀的大头将嘴巴的位置定出来。
8 再用主刀挤压出脸部。
9 用小号球刀挑出鼻子。
10 再用大号球刀压出嘴角。
11 用铁皮开眼刀开出嘴巴。
12 用开眼刀将嘴巴撬开后先推出上嘴唇。
13 用主刀塑出下嘴唇。
14 用球刀压出下巴和脸上的纹路。
15 再用小号圆形刀定出眼睛的位置。
16 再用铁皮开眼刀把眼睛压出来。
17 用主刀压出眉毛的纹路。
18 将擀好的面皮贴在肚子上。
19 贴上后先将两边手挤压出来。
20 再用主刀推出胸部，和肚子分开。

21 将做好的头部装上，然后用面把脖子补上。
22 用主刀塑出裤脚的纹路。
23 将擀好的红色面皮做成衣摆。
24 用切面刀压出衣纹。
25 用剪刀剪出五指。
26 将手指搓圆，然后压出关节。
27 用主刀压出手掌纹。
28 将擀好的面皮穿上。
29 用主刀推出衣纹。
30 将白色面皮穿到袖口上。
31 用切刀在接口处挤压出衣纹。
32 用铁皮开眼刀压出牙齿。
33 装上布袋，将袋口绑上。
34 将做好的如意装上去。

渔 翁

制作步骤

1 将准备好的面团用大号圆形刀在三分之一的位置压下。
2 用主刀挤压出鼻梁。
3 用大号圆形刀定出眼窝的位置。
4 再用主刀推出眉骨。
5 用主刀推出鼻子的大小和长度。
6 推出嘴巴的纹路。
7 用圆形工具调出鼻子。
8 用铁皮开眼刀开出嘴巴。
9 再用开眼刀将嘴巴撬开。
10 再用主刀推出嘴巴。
11 塑出脸上皱纹。
12 用圆形刀定出眼睛的位置。

13 再用开眼刀开出眼角。
14 用主刀推出双眼皮。
15 用铁皮开眼刀压出眼睛。
16 用开眼刀压出下眼皮。
17 用主刀推出眼袋。
18 再用主刀压出眉骨的纹路。
19 用铁皮开眼刀切出额头的皱纹。
20 用泡沫打底做出假山。
21 塑出渔翁的脚。
22 塑出手臂上的肌肤，这只手在用力的经脉要做得明显。
23 塑出衣服上纹路。
24 装上草帽和渔翁身上的配饰。

鹿鼎长寿

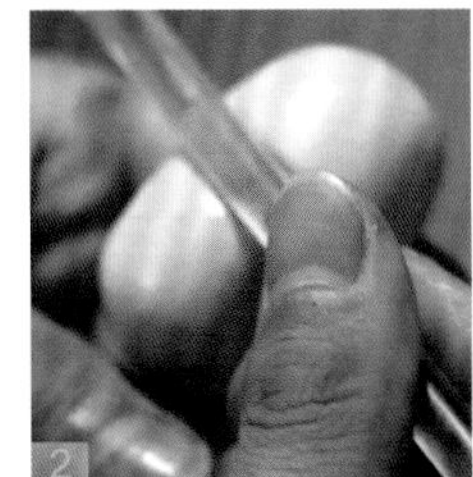

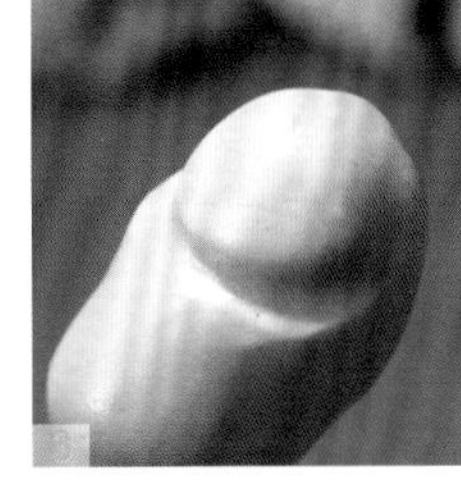

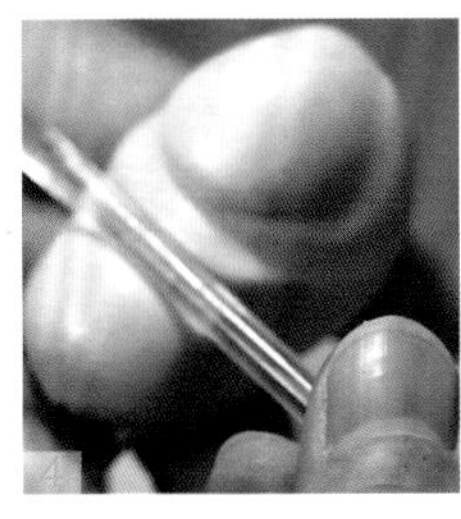

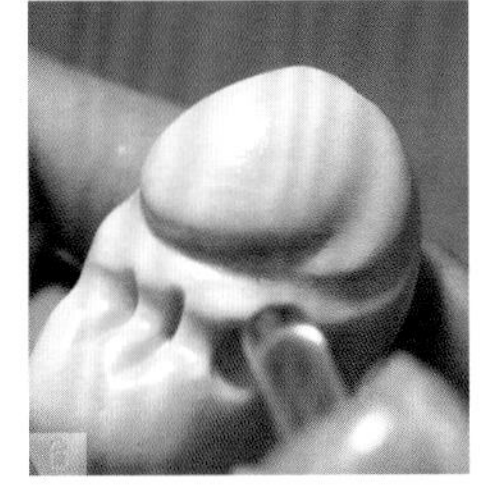

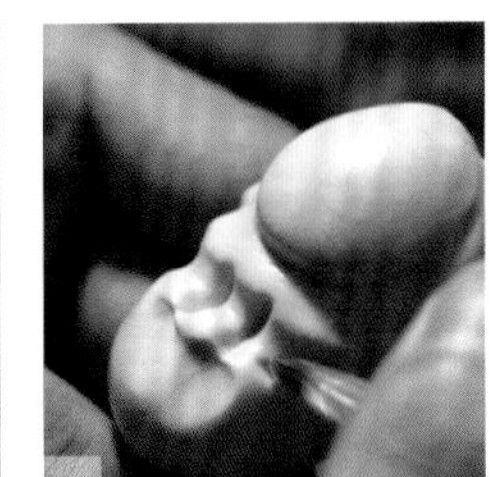

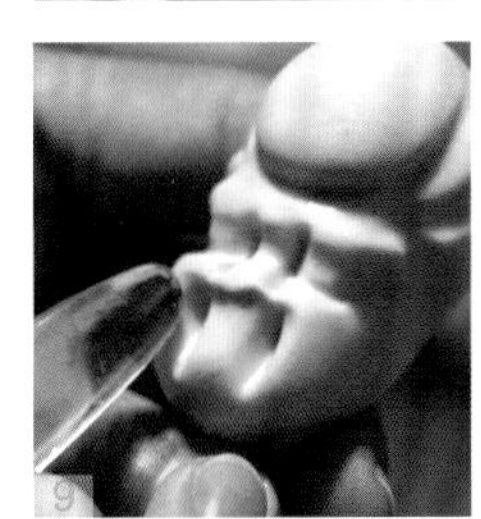

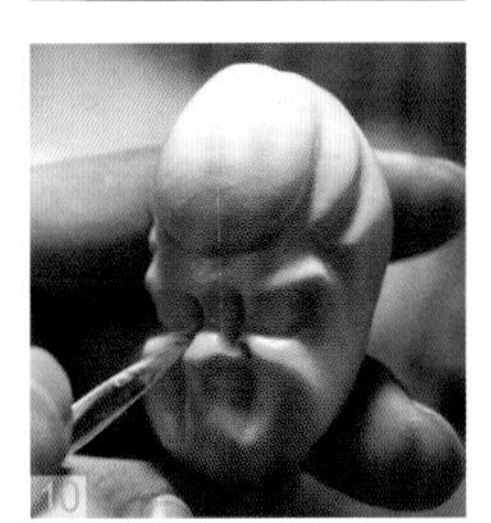

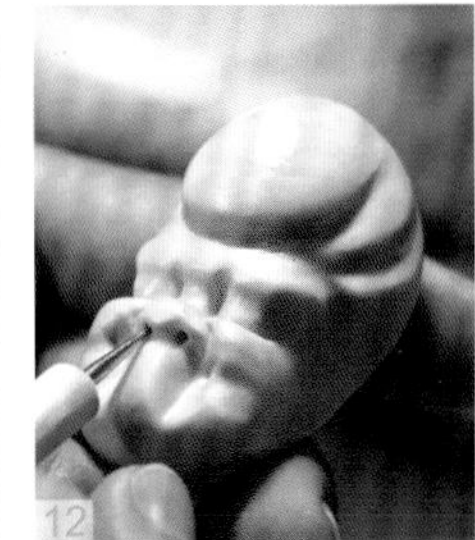

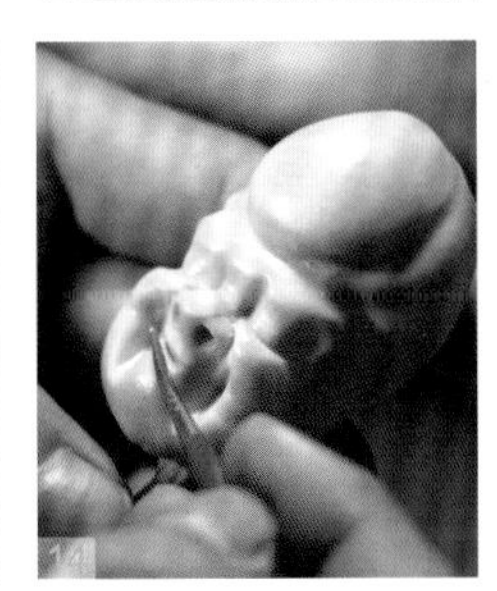

制作步骤

1 先用面团捏出寿星的大形。
2 用大号圆形刀把寿包和脸部分开。
3 先将寿包压圆，再压出寿包旁边的小纹路。
4 在脸部上面三分之一的位置上压一下。
5 用主刀压出鼻梁。
6 再用圆形刀定出眼窝，并确定是否正确。
7 定出鼻子的长度和大小。
8 用主刀把眼包推出来。
9 再把嘴巴的宽度压深。
10 再用小号主刀把脸部和鼻子分开。
11 挤压出脸上的肌肉。
12 用小号球刀调出鼻子后，再把鼻子加高。
13 再用铁皮开眼刀把鼻影压深。
14 用铁皮开眼刀开出嘴巴。

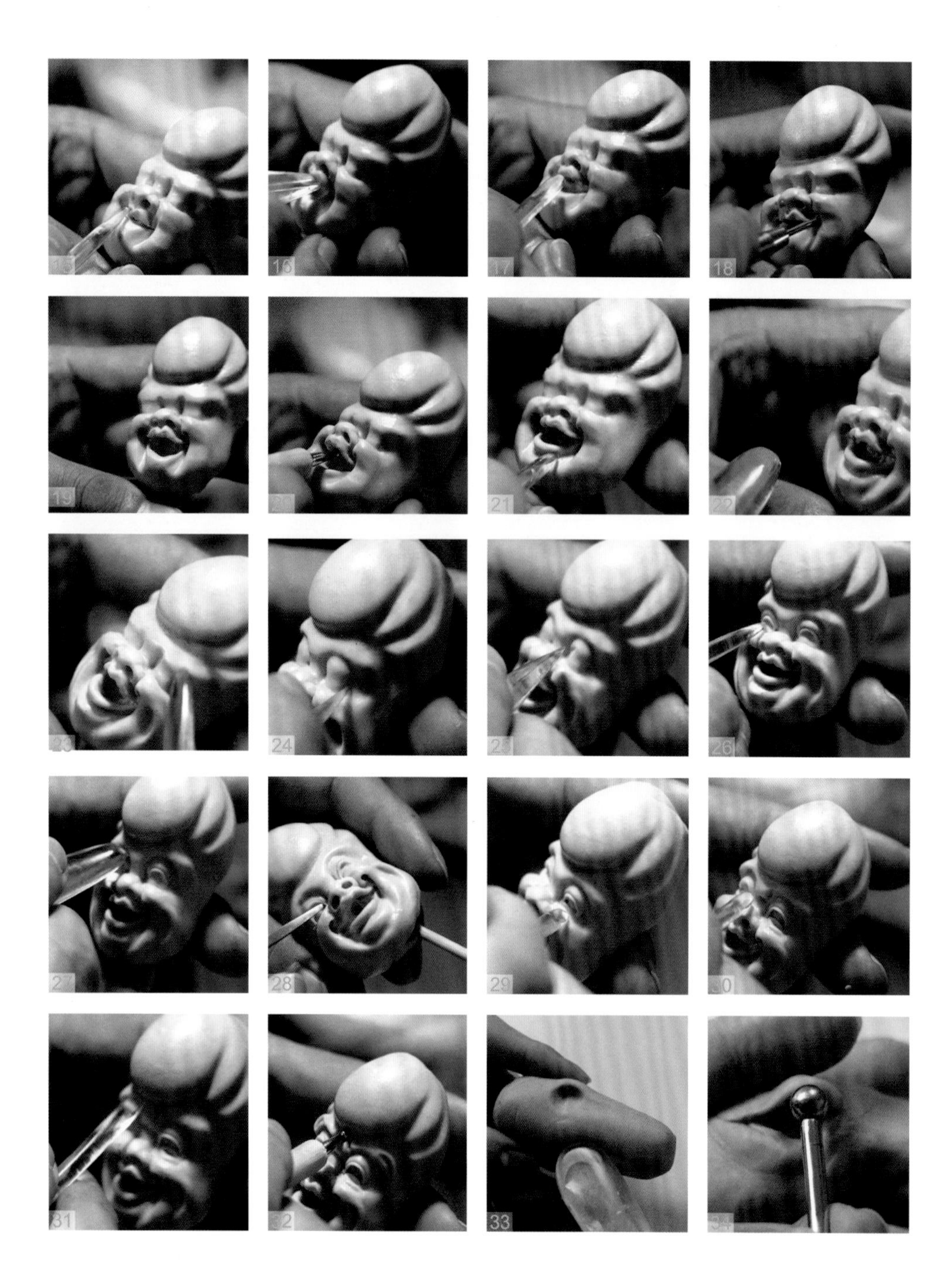

15 用小号主刀压出上嘴唇。
16 用开眼刀将上嘴巴调高。
17 再用小号主刀修饰一下。
18 用小球刀把嘴角加深。
19 先塑出左边嘴唇。
20 用大号球刀把嘴巴里面的原材料压进去，装好牙齿和舌头。
21 再将下嘴唇压整齐。
22 用主刀压出下巴和脸上的纹路。
23 定出眉骨的位置。
24 用小号圆形刀定出眼睛的位置。
25 用开眼刀开出眼线。
26 用小号主刀开出双眼皮和下眼皮的位置。
27 再用主刀压出眉毛的纹路。
28 用铁皮开眼刀压进去做出眼睛。
29 用小号主刀压出下眼皮和眼袋。
30 把鼻子上的挤压纹路压出来。
31 把眉毛上的纹路压出来。
32 再用球刀将寿包修好。
33 做出鹿头的大形。
34 用大号球刀定出眼睛的位置。

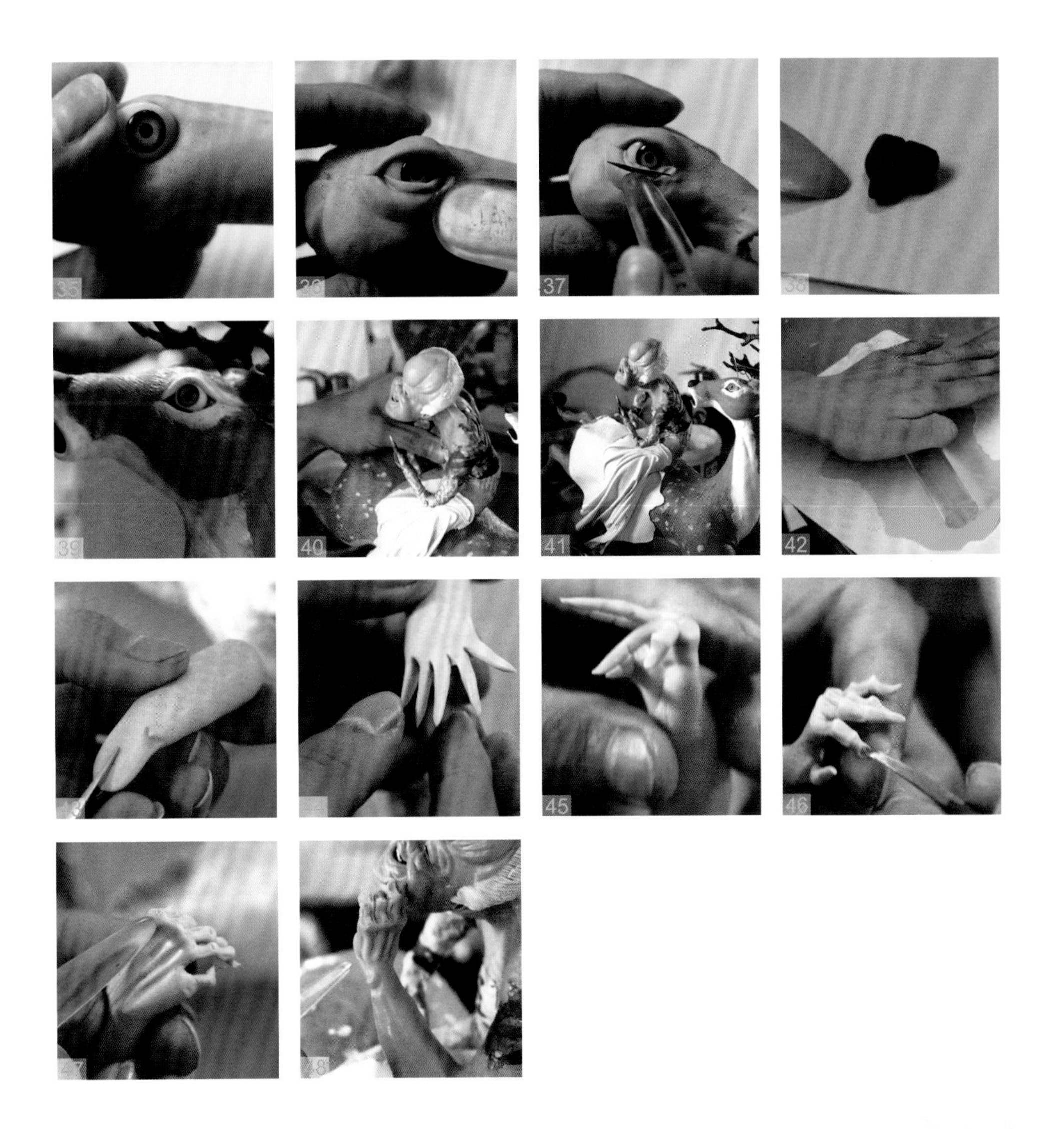

35 确定好眼睛的位置，装上仿真眼。
36 再用主刀把脸上的肌肉挤压出来。
37 装上黑色眼袋。
38 装上鼻子。
39 在眼睛周围贴上白色面皮，然后用铁皮开眼刀画出细毛，再装上鹿角。
40 让寿星坐在鹿身上，再穿裤子，这样塑出的纹路就比较自然。
41 将裤子上多出来的原材料用剪刀剪掉。
42 擀出绿色面皮，用来做裤子。
43 先剪出大拇指，再从中间剪开，分出手指。
44 将手指搓圆后再用铁皮开眼刀压出关节。
45 把每个关节折出来。
46 用开眼刀压出手指甲。
47 压出手纹后再塑出手上的筋脉。
48 装上手臂后再将手上的骨骼和肌肉塑出来。

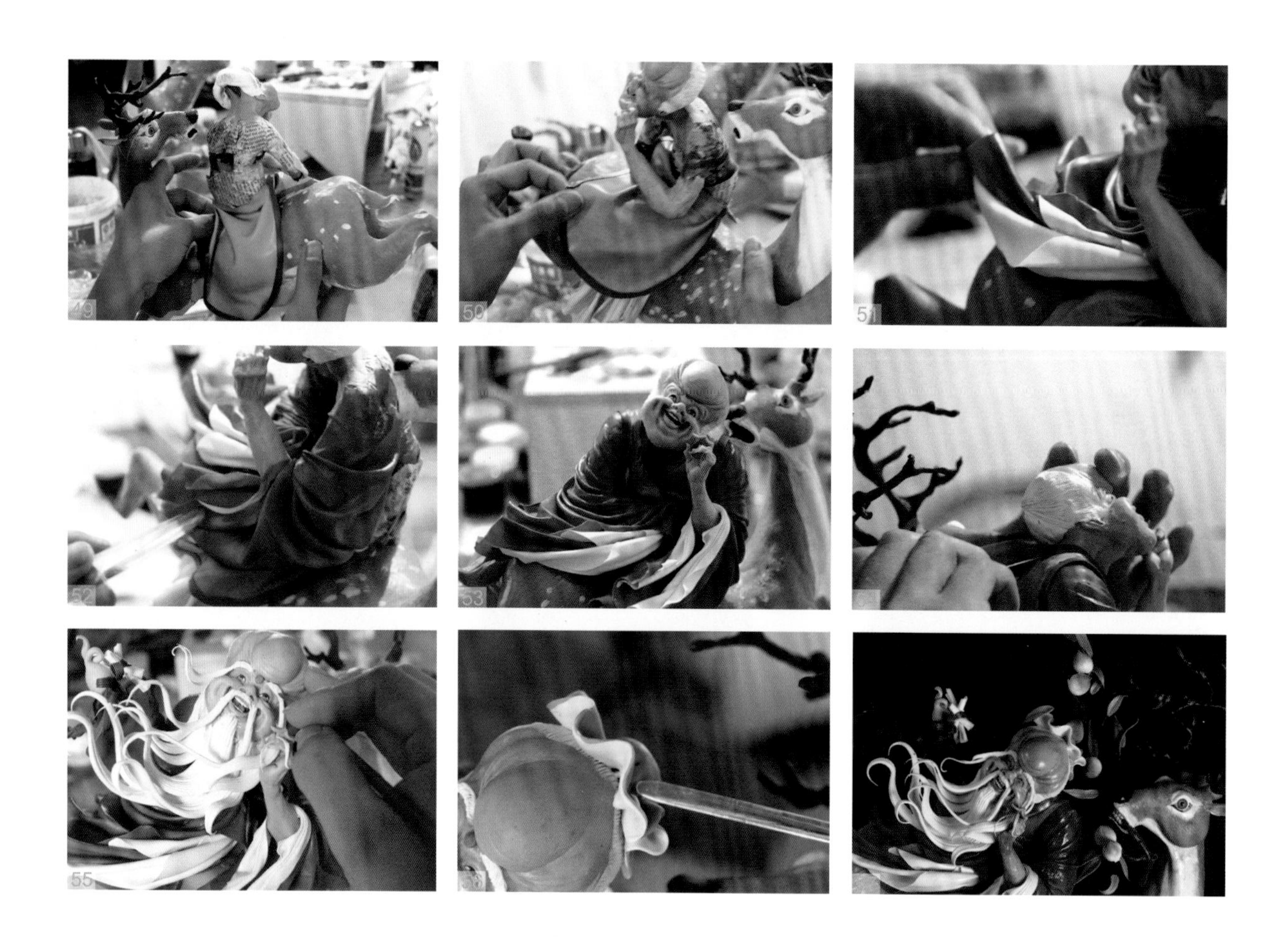

49 给寿星穿上绿色衣摆。
50 再将寿星穿上红色衣服并塑上衣纹。
51 装上白色的衣袖。
52 再穿上左边的衣袖，然后塑出衣纹，在没穿上的地方补上一块红色面皮，塑出衣纹。
53 装上白色衣袖，把绿色衣服塑上去，把准备好的衣边贴上，这样一看就没有接口。
54 先把头发装上，再用切面刀切出纹路。
55 先装上主要支撑大胡子，再装上小胡子，顺着大胡子飘逸的方向。
56 装上头巾。
57 给作品装上配饰。

寿比南山

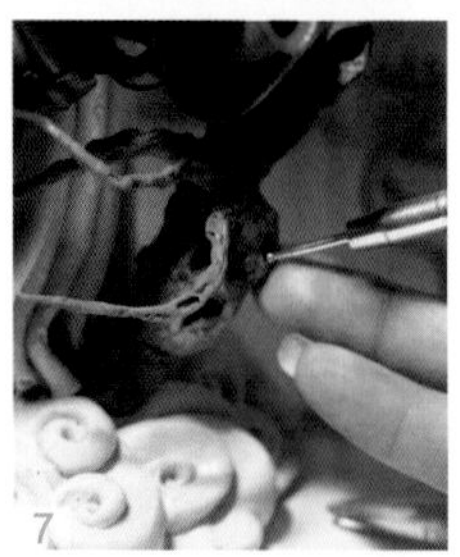

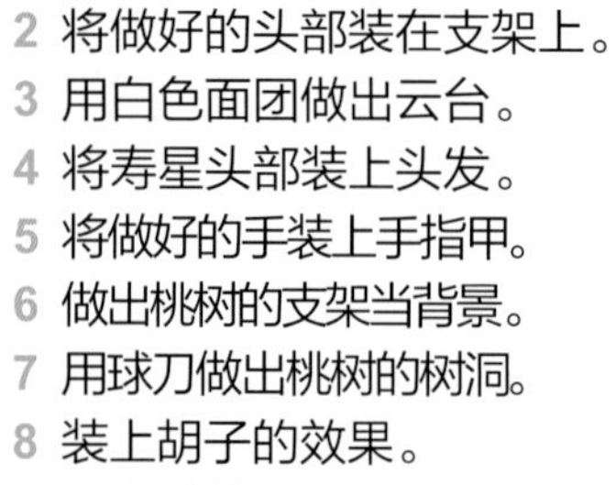

制作步骤

1 做好的成品头部。
2 将做好的头部装在支架上。
3 用白色面团做出云台。
4 将寿星头部装上头发。
5 将做好的手装上手指甲。
6 做出桃树的支架当背景。
7 用球刀做出桃树的树洞。
8 装上胡子的效果。
9 配上仙鹤。
10 人物特写。
11 桃树叶的效果。

关 公

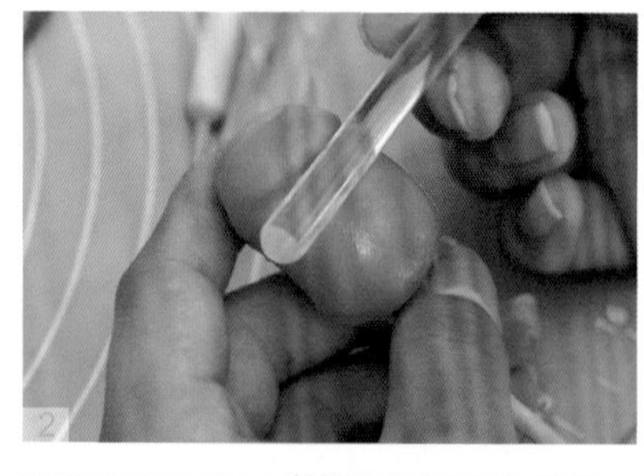

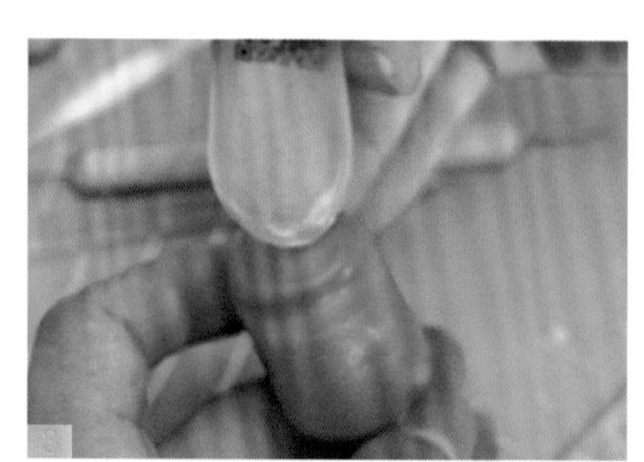

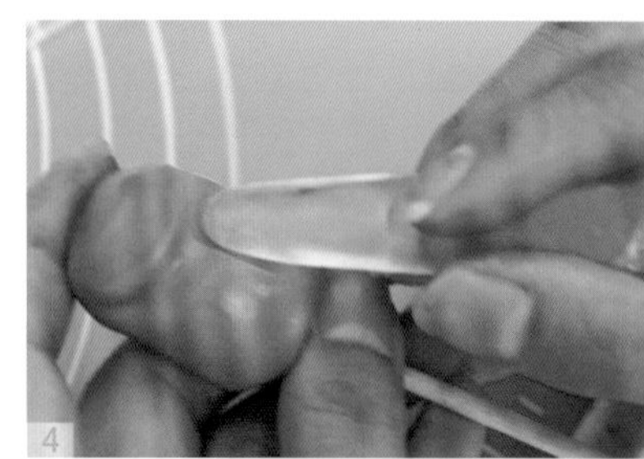

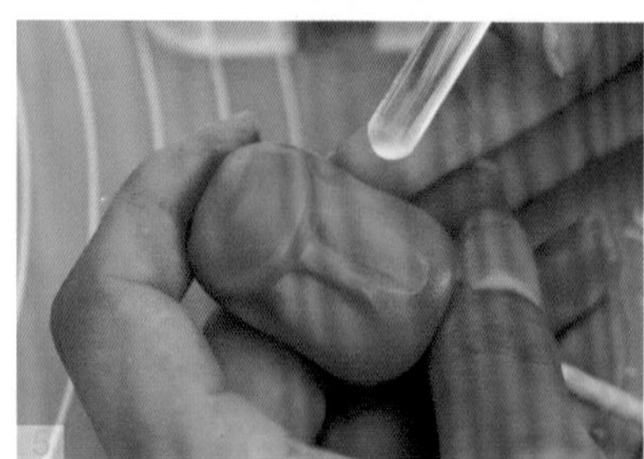

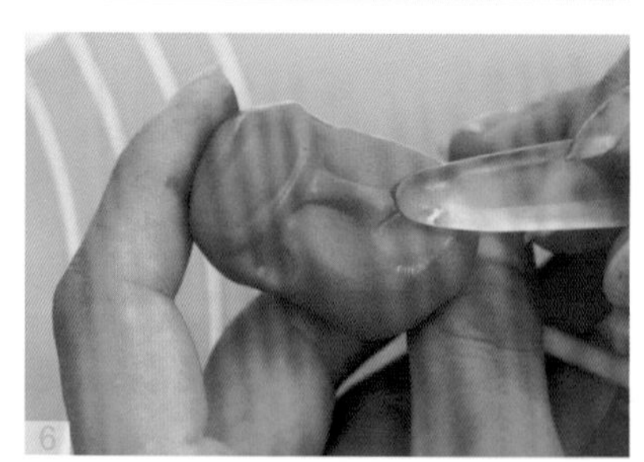

制作步骤

1 先将关公的大形准备好。
2 在距上端三分之一的位置压下。
3 用主刀压出眉骨的位置。
4 用主刀压出鼻梁。
5 用大号圆形工具定出眼角的位置。
6 定出鼻子的长度和大小。

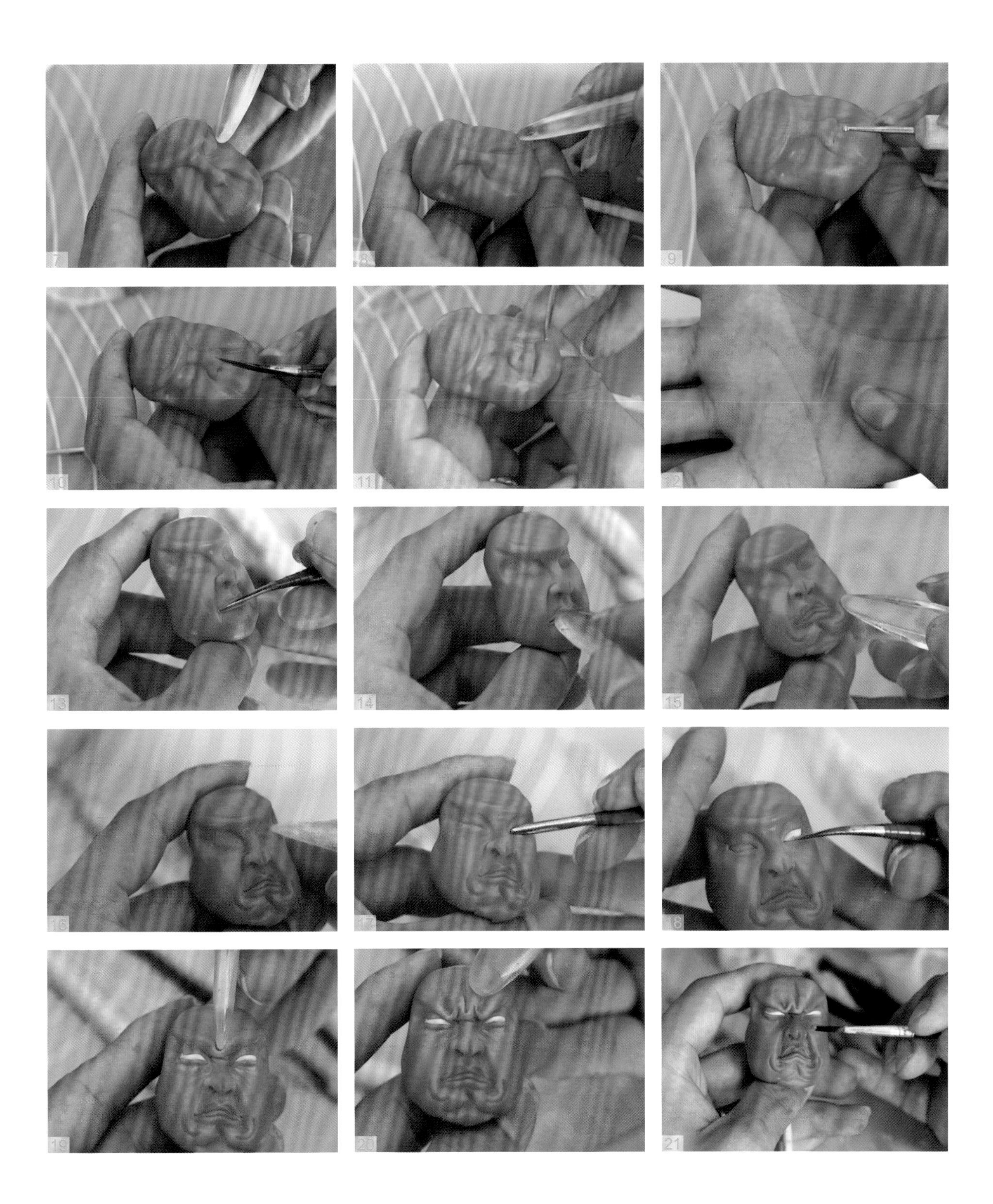

7 用主刀压出眼窝。
8 再定出嘴巴的位置。
9 用球刀调出鼻子。
10 用铁皮开眼刀压出鼻子上的纹路。
11 用铁皮开眼刀开出嘴巴。
12 用皮肤颜色的色粉再加点棕色用来做嘴唇。
13 将调好的面部装上嘴唇。
14 再用主刀将嘴唇的纹路压好。
15 用开眼刀塑出脸上的纹路。
16 用开眼刀开出眼线。
17 用铁皮开眼刀将眼睛的原料压进去。
18 将眼白装上后推出下眼皮，包上眼白。
19 用主刀将眉头压下。
20 用主刀压出两边眉骨，要和眼睛位置平齐，这样显示出凶猛。
21 用原料将关公上一层过渡色，显示出立体感。

22 装上黑色眼珠。
23 用黑色面搓成线条，做成眼睫毛并装上。
24 关公的铁丝支架。
25 将做好的头部装上后，用面将脖子塑出来。
26 用白色面团做出鞋子。
27 将盔甲贴上后用切面刀切出纹路。
28 将盔甲的花边装上。
29 在鞋头装上铠甲纹路。
30 将擀好的紫色面皮做成裤子。
31 用主刀塑出裤子上的衣纹。
32 用盔甲模具压出装饰花边，晾干。
33 先用剪刀剪出大拇指，然后再剪出四指。
34 将剪好的手指搓圆。
35 用铁皮开眼刀压出手指的关节。
36 用铁皮开眼刀把手指甲压出来。

37 用主刀推出手背关节。
38 压出手掌上的纹路。
39 将手背上的骨骼推出来。
40 将做好的手装上。
41 用开眼刀把手指调整一下，这样比较有活力。
42 将紫色面皮做成衣服并穿上，然后塑出衣纹。
43 用白色面皮做出衣领。
44 用切面刀切出刀口。
45 用主刀将刀背的纹路挤压出龙头。
46 用开眼刀调出龙鼻子和眼睛。
47 用面将下嘴唇接上。
48 装上毛发并塑出咬肌。
49 再装上牙齿。
50 擀出白色面皮后再盖一层绿色面皮，穿上并塑出衣纹。
51 把左边衣服穿上，再用主刀塑出衣纹。

52 在胸口处穿上盔甲。
53 将白色面皮装在袖口上，显示层次性。
54 用主刀挤压出帽子上的纹路。
55 用小号球刀雕出帽子上的花纹。
56 将头巾的纹路推出来。
57 用压面板压出胡子。
58 将做好的胡子装上，右手提着。
59 用铁皮开眼刀画出眉毛。
60 擀出腰带。
61 装上后塑出兽头。
62 塑好兽头后装上盔甲链。
63 装上黄色飘带和头顶红。
64 给刀口涂上银色，龙头涂上金色。
65 给关公盔甲涂上金色和银色。
66 成品图。

斗战灵猴

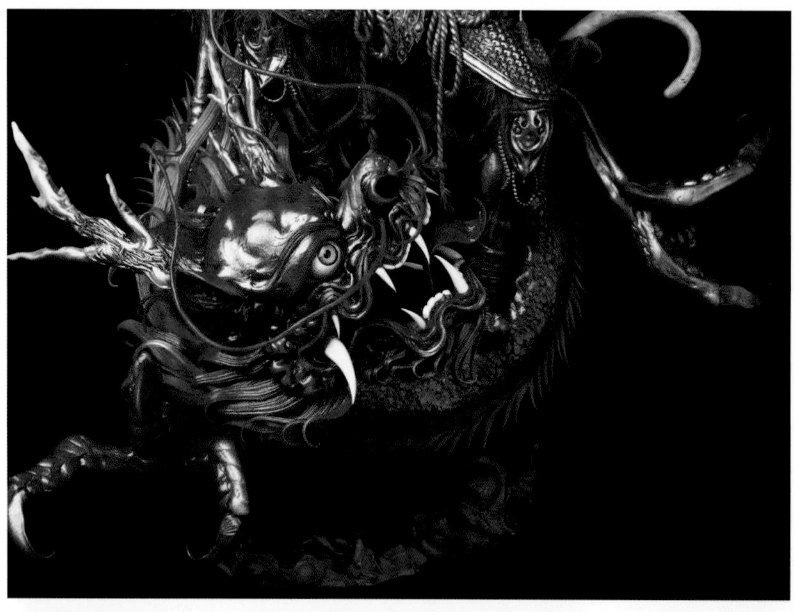

制作步骤

1 用铁丝做出支架。
2 在支架上包上报纸。
3 做好的猴子头部。

4 把做好的头部装上后，做出龙头。
5 将龙的身子包上面皮后好装鳞片。
6 将龙身上的鳞片贴上。
7 装上龙爪子，注意造型。
8 将龙喷上过渡色。
9 做出龙另外一面。
10 装上龙身上的舌头和牙龈。
11 将龙爪装上鬃毛。
12 将龙毛发装上，注意要有飘逸感。
13 用白色面团做出牙齿，装上后再将龙喷上金色。
14 盔甲的特写。
15 将裤子和盔甲穿上。
16 装上猴子的头发。
17 将猴子脸上的毛粘上，要自然。
18 将护胸甲装上。

19 再装上盔甲上的兽头。
20 塑出右手和胸上的肌肉。
21 将做好的猴子坐在龙身上。
22 将龙头装上胡须。
23 将紧箍咒装上。
24 把猴子身上的配饰和飘带装上。
25 装上龙须，再给龙喷上过渡色彩显示亮度。
26 给猴子上的盔甲喷上一层金色。

黑旋风

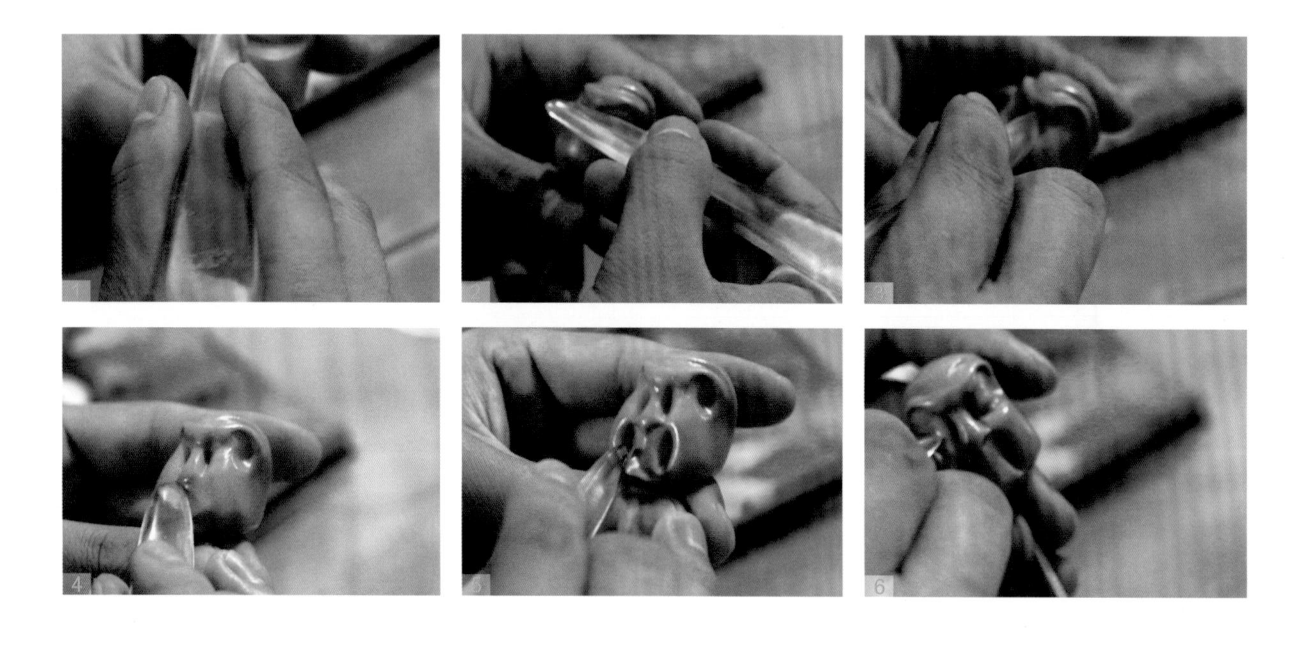

制作步骤

1 用主刀压出眉骨的位置。
2 在脸部上面三分之一的位置压下。
3 压出鼻梁。
4 用主刀定出鼻子的大小和长度。
5 定出嘴巴的长度。
6 压出眼窝。

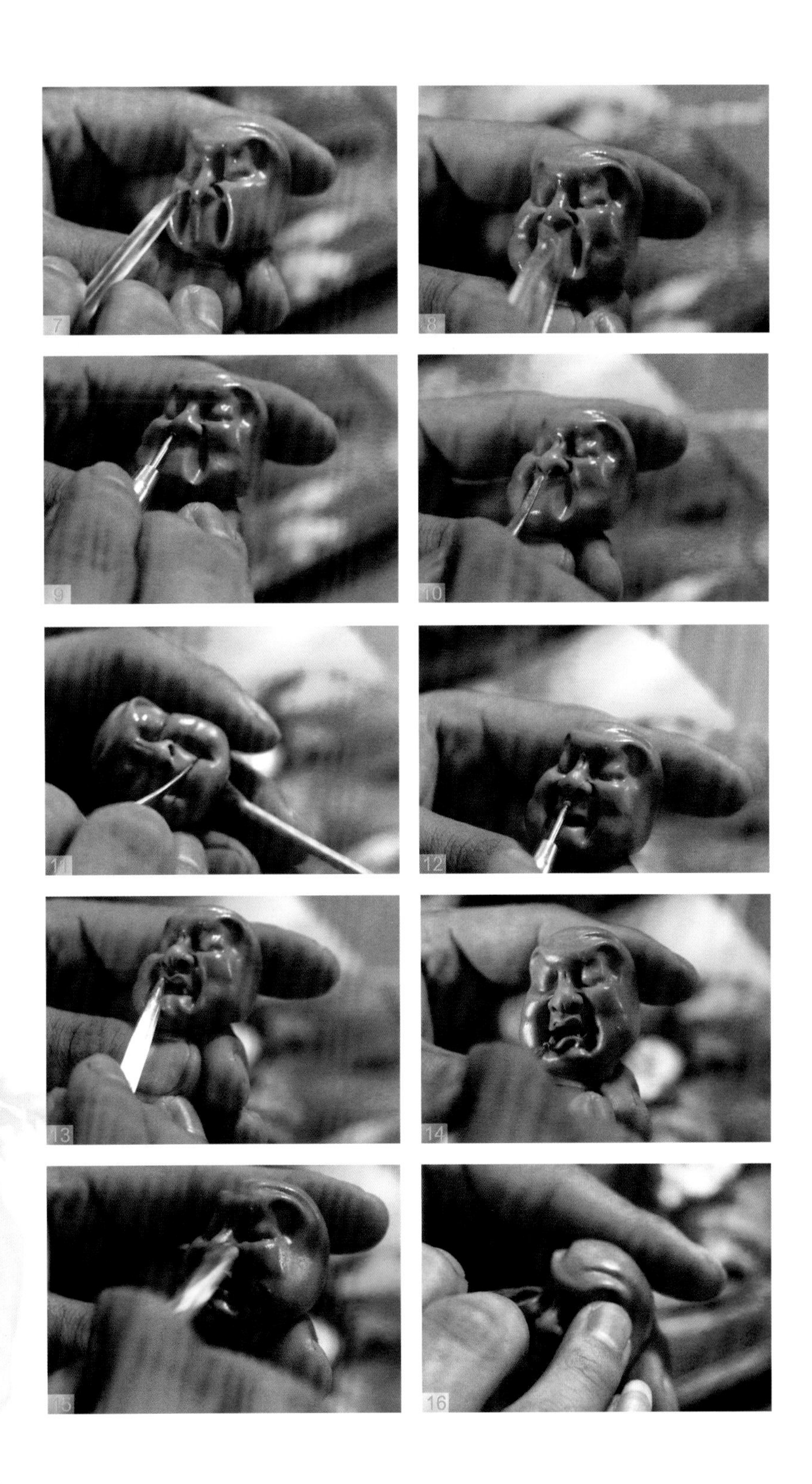

7 用小号主刀压出鼻影。
8 塑出脸部的肌肉。
9 用小号主刀调出鼻子，再将鼻子调高。
10 再用铁皮开眼刀压出鼻子上的纹路。
11 用铁皮开眼刀开出嘴巴。
12 用球刀压出人中。
13 再用小号主刀推出上嘴唇。
14 塑出下嘴唇。
15 用主刀塑出脸上的纹路。
16 定出眼睛的位置。

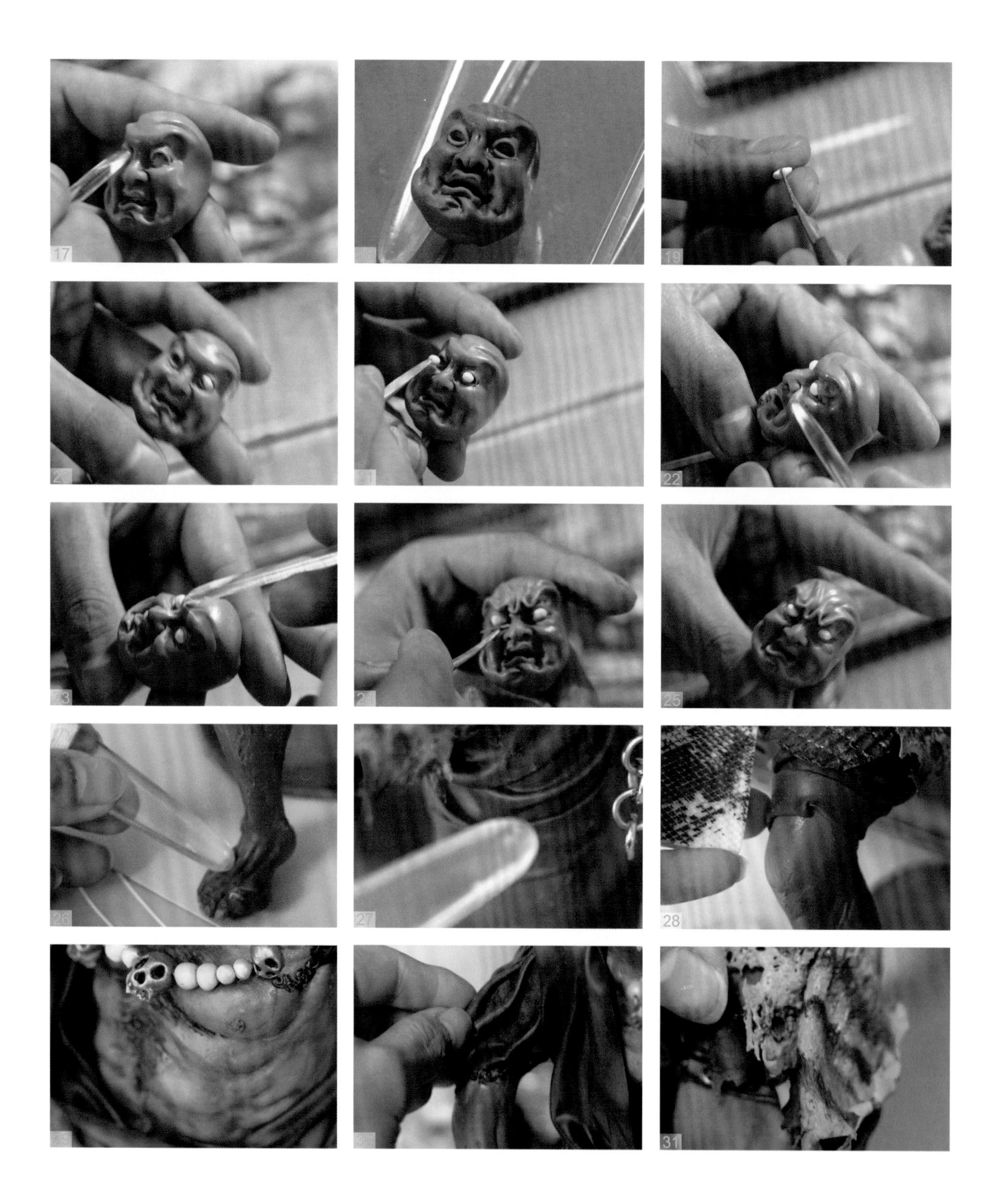

17 再用小号主刀开出眼睛。
18 半成品。
19 用白色面团搓成眼白部分。
20 装上眼白。
21 用开眼刀将眼睛装紧。
22 用小号主刀推出眼袋。
23 用小号主刀压出眉骨，显示出凶恶感。
24 用铁皮开眼刀将下眼皮压得更明显。
25 头部成品。
26 贴出脚上的肌肉后用主刀塑出纹路。
27 塑出裤子上的纹路。
28 用盔甲模压出盔甲，再装上。
29 将胸肌做上后用黑色面皮切出胸毛并贴上。
30 用面皮做好衣服并将其穿上。
31 将虎皮穿上。

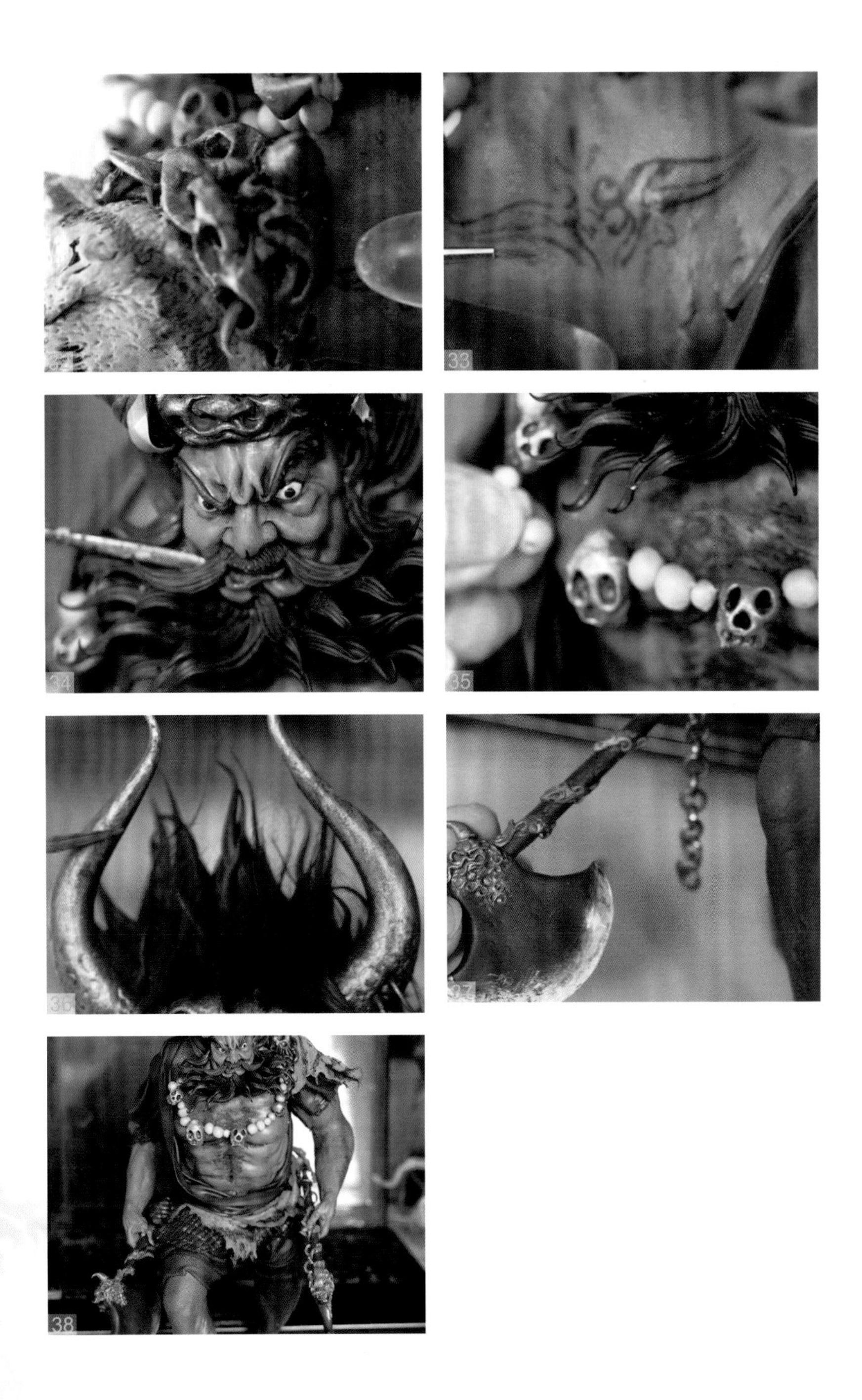

32 用黑色面团塑出兽头。
33 画出背上的文身。
34 装上胡子和眼睛。
35 给面人身上带窜骷髅链。
36 带上牛角之后将梗部刷上金色，尖部刷上银色，这样比较有立体感。
37 做出大板斧后装到手上，用胶水粘上。
38 成品效果。

伏虎罗汉

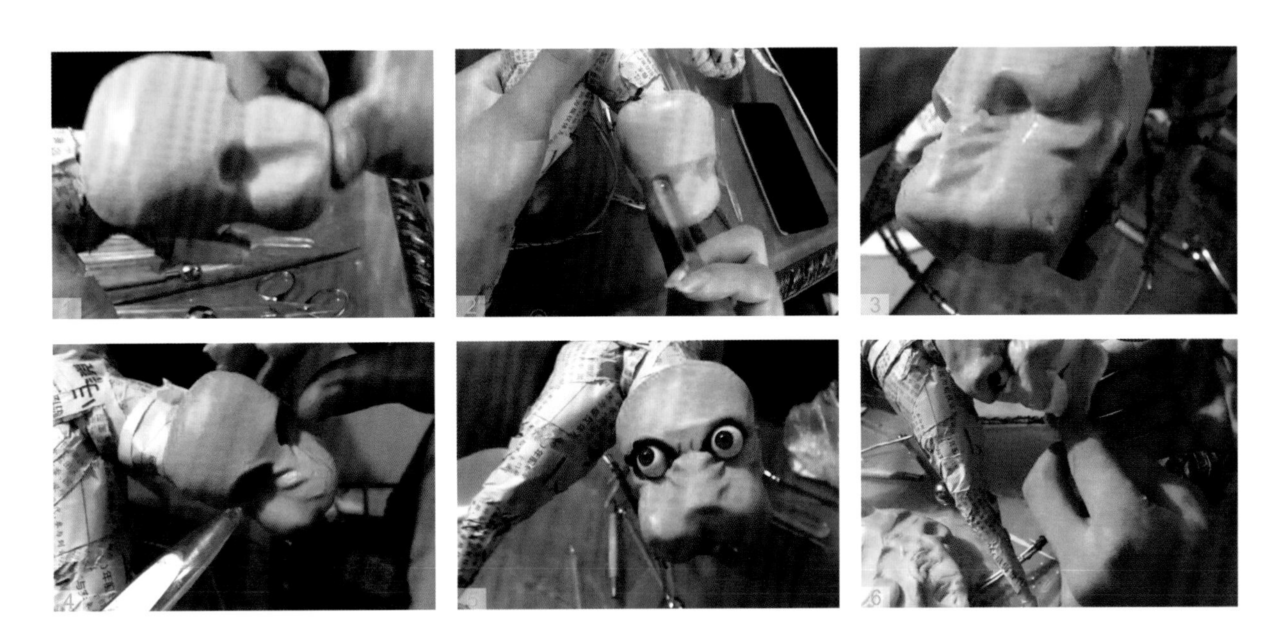

制作步骤

1 先准备黄色面团，压出嘴巴的高度。
2 定出眼睛和鼻梁的位置。
3 推出鼻梁上的皱纹。
4 装上黑色眼袋。
5 将做好的眼睛装上。
6 用白色面团做出下巴。

7 再用大号球刀将嘴巴里面压深，以便装舌头。
8 先贴一层白色面皮，再盖一层黑色面皮。
9 一层白一层黑盖上。
10 将眼睛上贴上一层黄色面皮。
11 用主刀压出脸上的肌肉。
12 再将眼袋贴成白色。
13 将脸上压出来的纹路加上黑色面皮。
14 用白色面皮贴出眉毛。
15 将脸上的细毛用铁皮开眼刀划出。
16 半成品。
17 将老虎头上的斑纹和牙齿装上的效果。

刀马旦

丹花如玉

凤
凰

二、面塑作品欣赏

龙凤九舞

威震四海

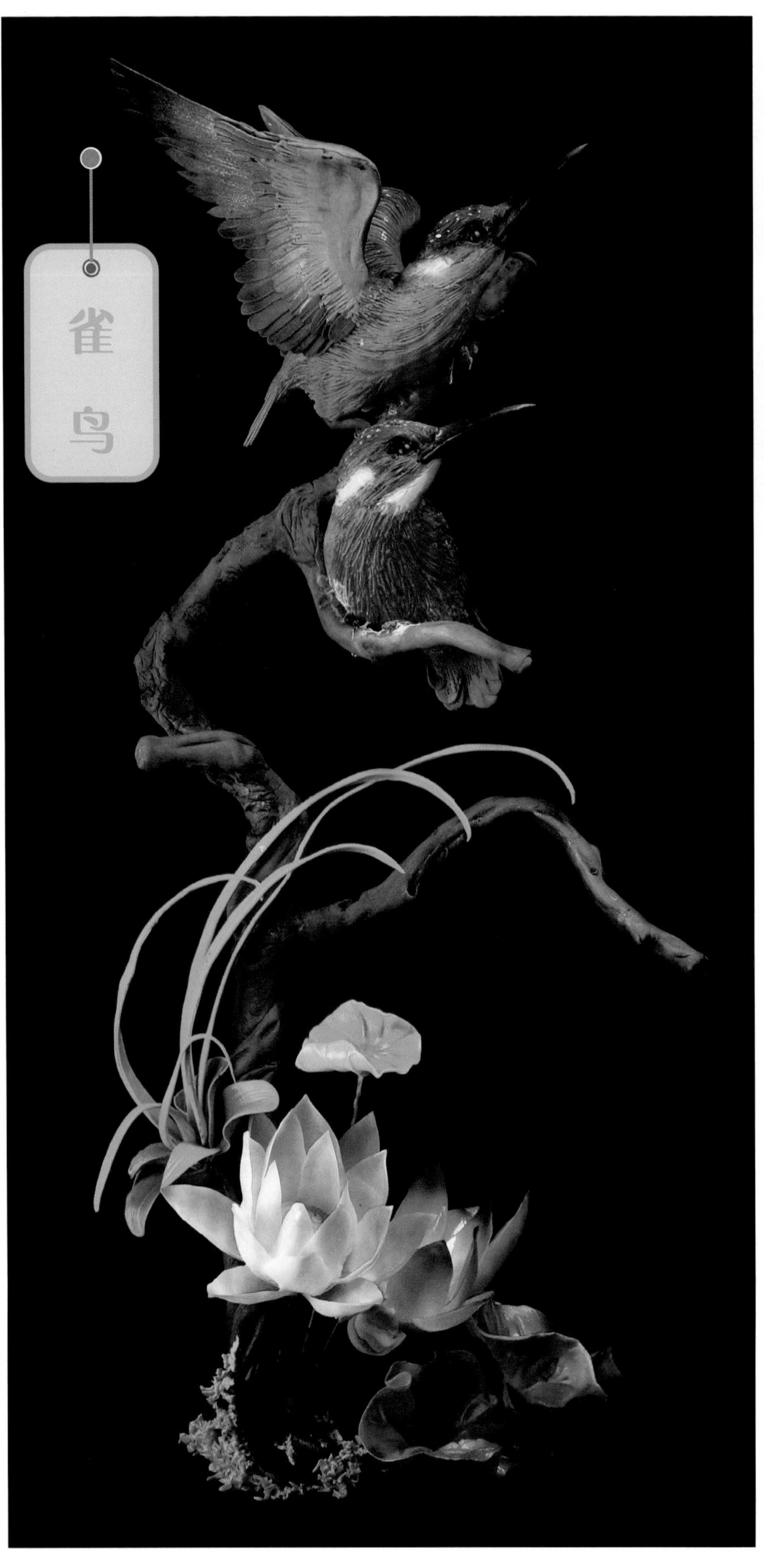
雀鸟

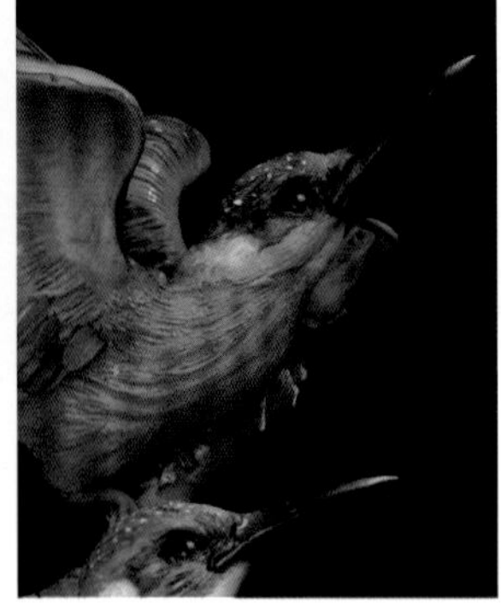

嫦 娥

鲤鱼莲童

农夫

二胡

送子弥勒

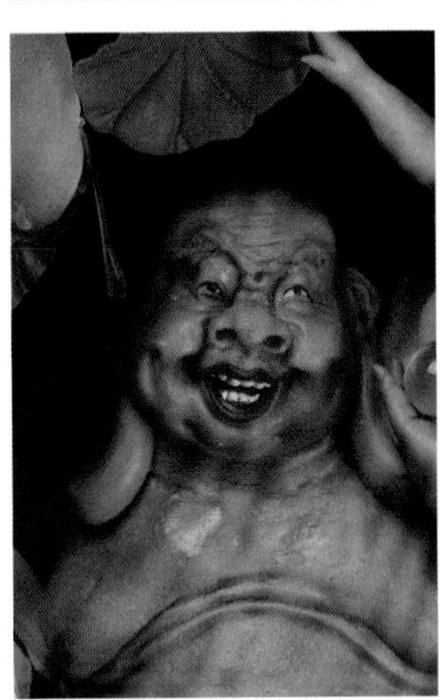

风 华

跨虎归山

斗
鱼

凤凰化身

牛头酋长

护法金刚

横刀立马

剑
圣

妖猴

第三篇 糖艺制作图解与欣赏

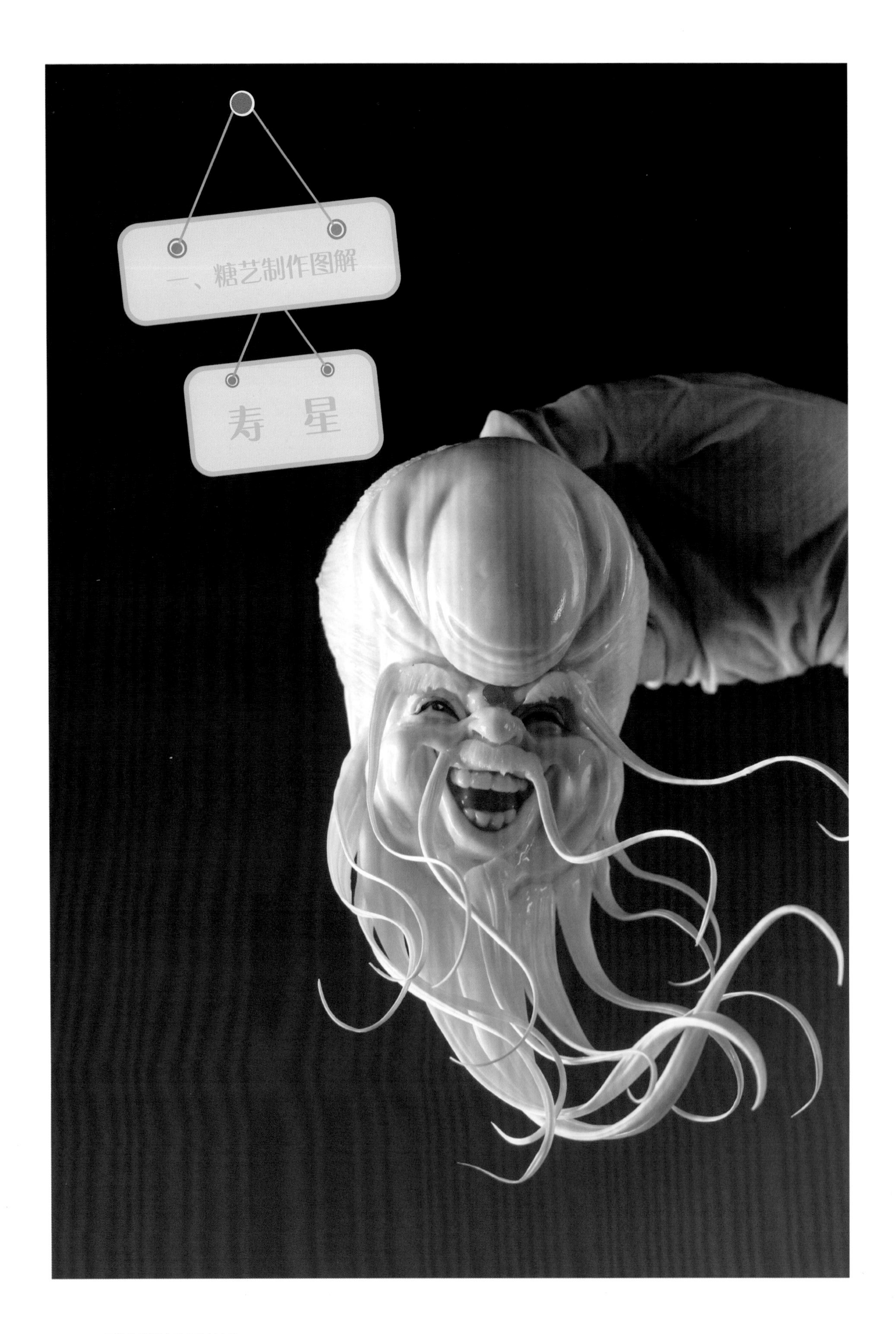
一、糖艺制作图解
寿 星

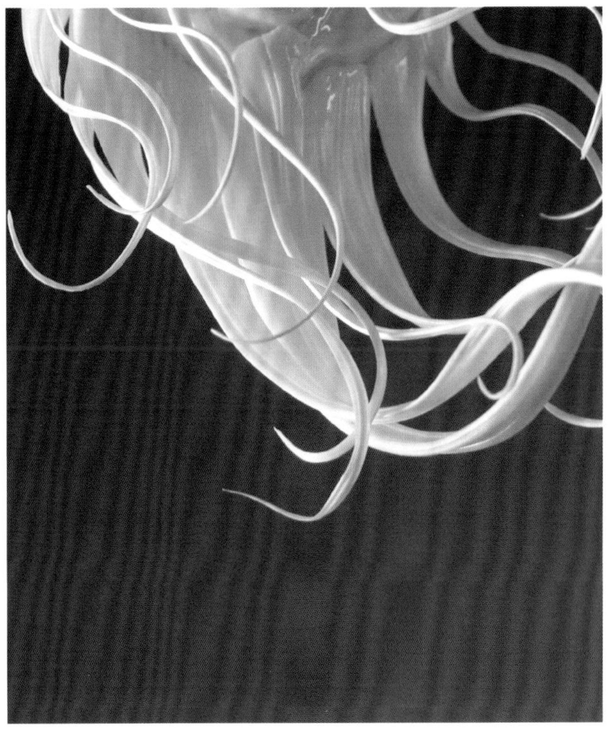

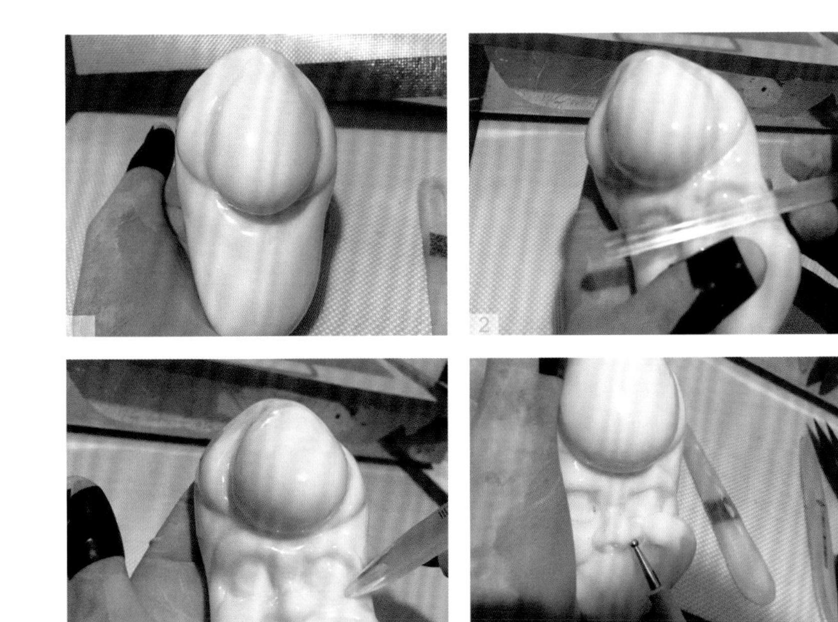

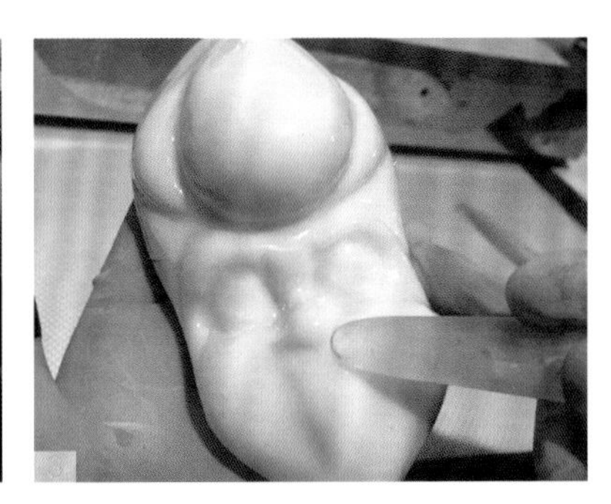

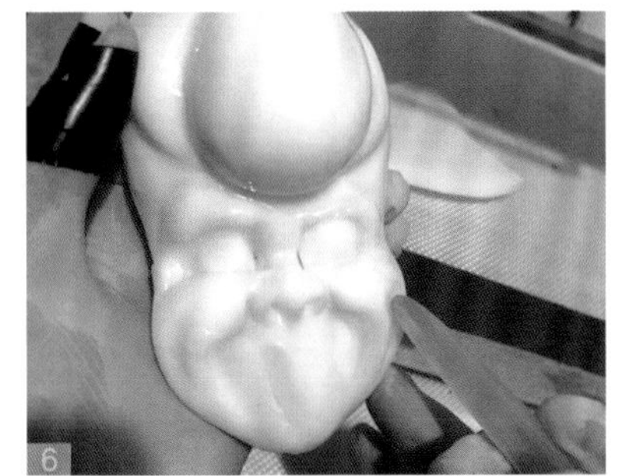

制作步骤

1 先开出寿星大形。
2 用圆形工具将眼睛的位置定出。
3 用主刀定出鼻子的长度。
4 开出眼窝。
5 用球刀开出鼻子。
6 用主刀将脸上的纹路压出笑的感觉。

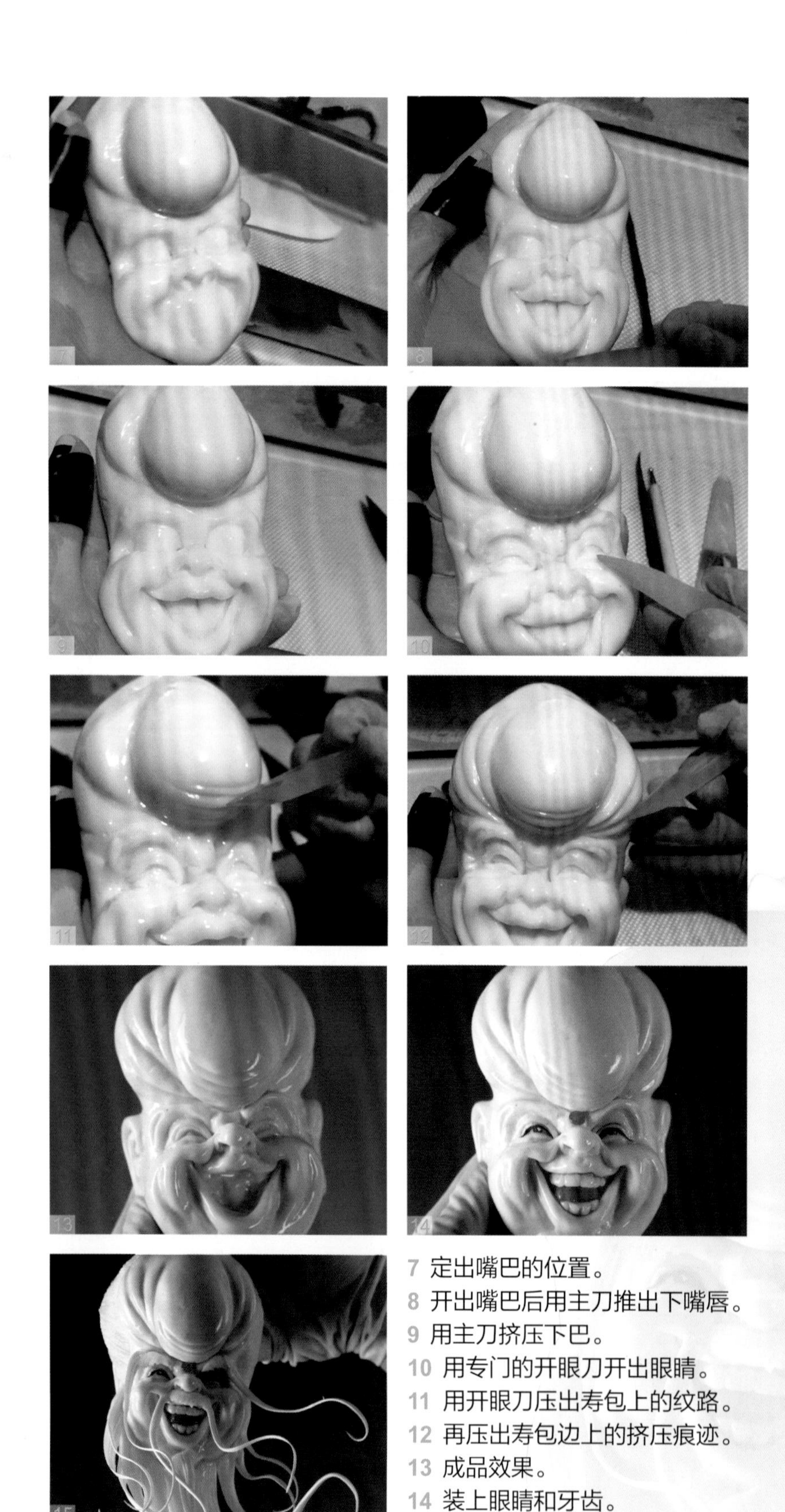

7 定出嘴巴的位置。
8 开出嘴巴后用主刀推出下嘴唇。
9 用主刀挤压下巴。
10 用专门的开眼刀开出眼睛。
11 用开眼刀压出寿包上的纹路。
12 再压出寿包边上的挤压痕迹。
13 成品效果。
14 装上眼睛和牙齿。
15 装上胡须和眉毛。

恶魔

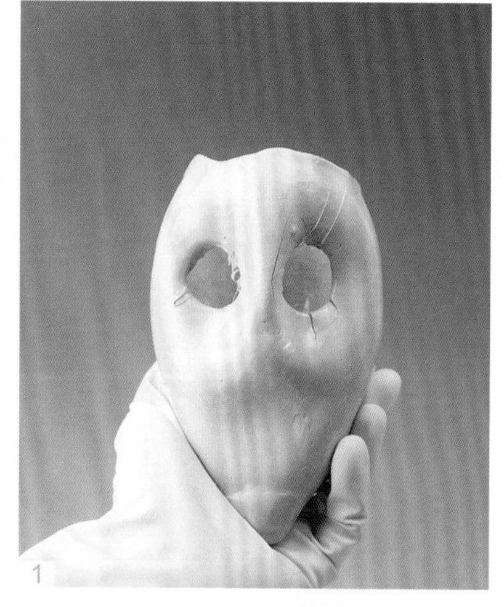
1

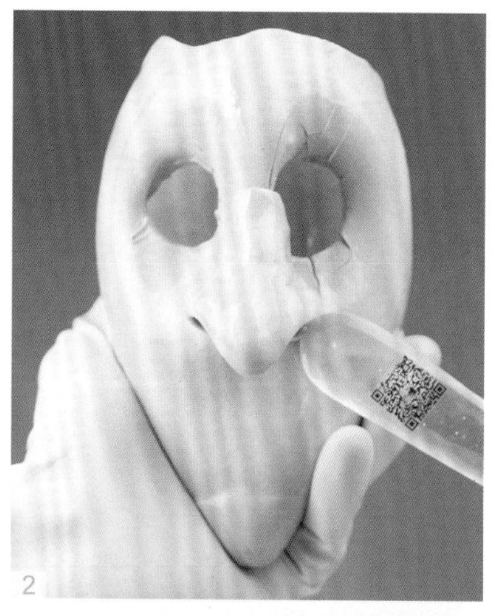
2

3

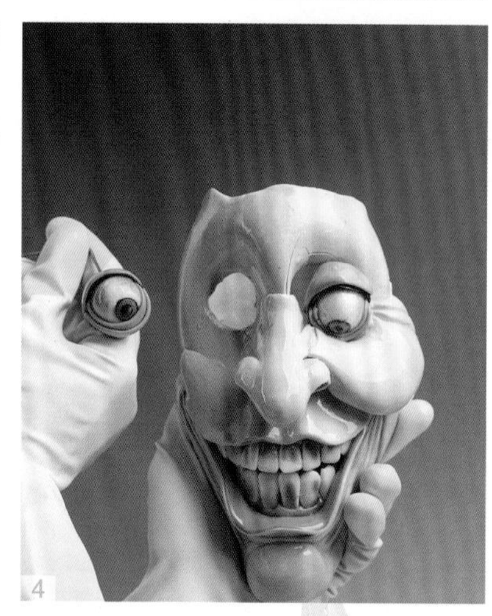
4

5

6

7

制作步骤

1 吹出脸部的大形，将五官定出。
2 用主刀塑出鼻子。
3 将牙齿装上，贴出嘴唇，将下巴补出来。
4 将做好的眼睛装上，再把脸部肌肉贴出来。
5 贴上眉骨后用主刀塑出皱纹。
6 用红色糖体做出红角并装上。
7 将黑色燕尾胡贴上，用红色糖做出红色帽子并贴上。

望鱼成龙

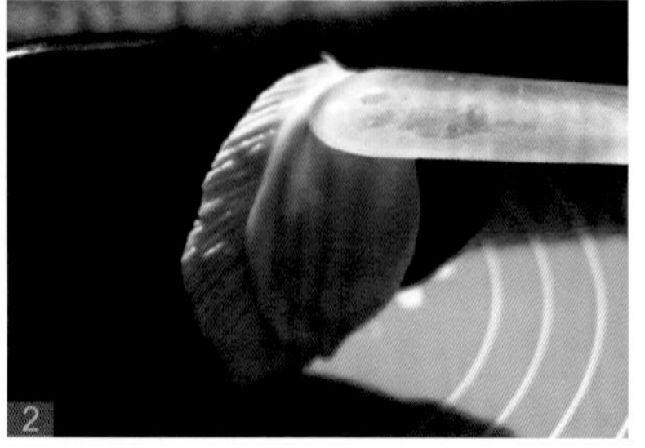

制作步骤

1 先吹出鱼的大形，记住把肚子吹大。
2 先塑出鱼鳃。
3 再将鱼嘴巴装上。

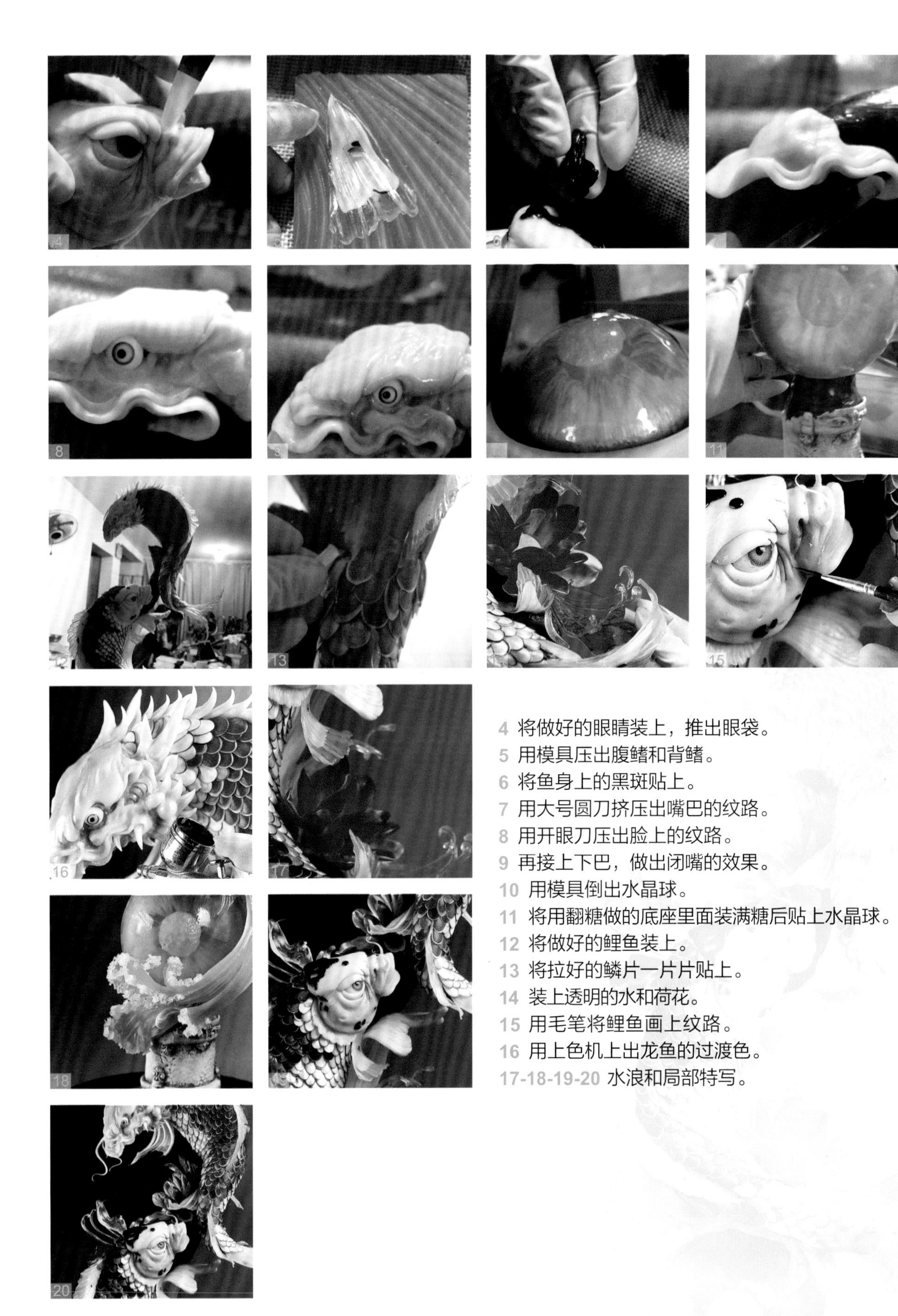

4 将做好的眼睛装上，推出眼袋。
5 用模具压出腹鳍和背鳍。
6 将鱼身上的黑斑贴上。
7 用大号圆刀挤压出嘴巴的纹路。
8 用开眼刀压出脸上的纹路。
9 再接上下巴，做出闭嘴的效果。
10 用模具倒出水晶球。
11 将用翻糖做的底座里面装满糖后贴上水晶球。
12 将做好的鲤鱼装上。
13 将拉好的鳞片一片片贴上。
14 装上透明的水和荷花。
15 用毛笔将鲤鱼画上纹路。
16 用上色机上出龙鱼的过渡色。
17-18-19-20 水浪和局部特写。

佛怒金刚

老鹰

狐仙传

三少爷的剑

海 盗
Neverland

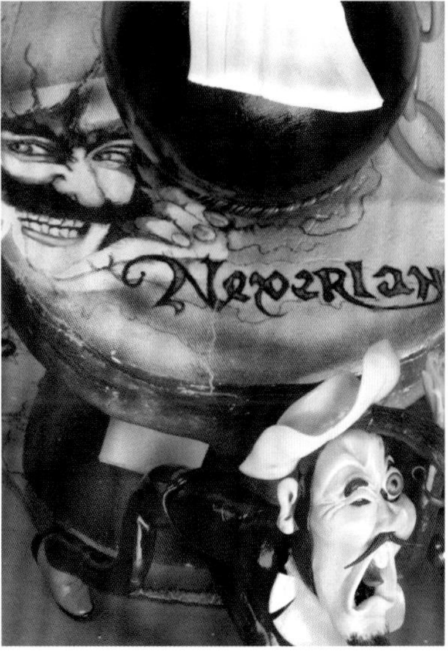

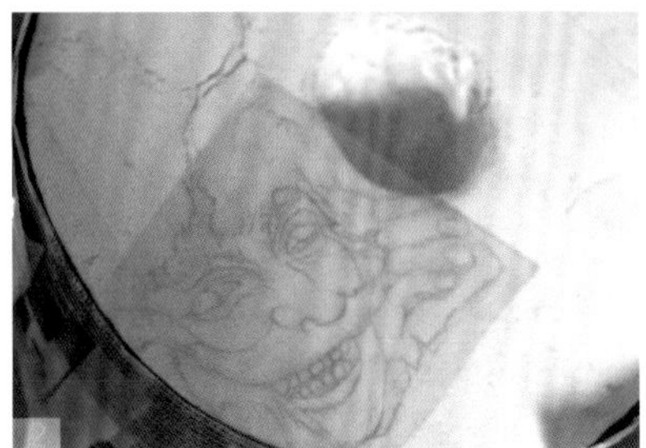

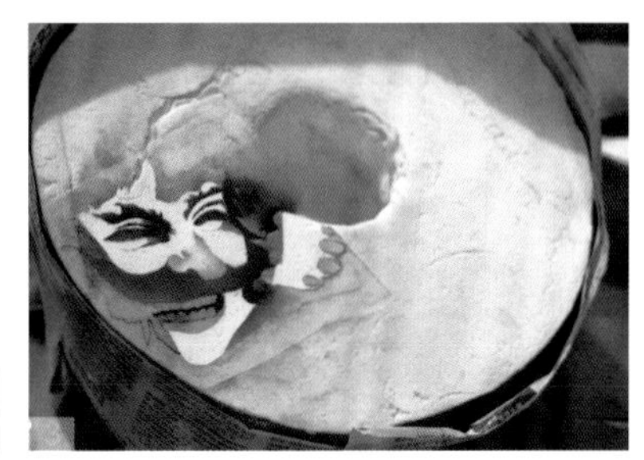

制作步骤

1 将底座喷上颜色。
2 将画好的草稿图贴上。
3 先将人物的大形喷出来，再将比较深的颜色喷上。

4 先将手喷出破纸而出的感觉，再将人物的过渡色喷上。
5 将人物旁边喷上黄色和绿色，再加上裂开的条纹，看起来就更立体。
6 贴上英文图稿，用黑色喷英文旁边的区域，这样出来的效果立体。
7 再将藏宝图喷出，用来做底座。
8 成品的效果。
9 将准备好的底座组装起来，用糖将底座中间装满。
10 将糖球装上。
11 将做好的海盗头部装上。
12 将用水管倒出来的糖柱装上，注意平衡。
13 垫上报纸以防糖掉在底座上。
14 做好的西式糖花。
15 将糖花装在柱子上。

16 用绿色糖体吹出蜥蜴的大形。
17 将做好的蜥蜴头和身体组装在一起。
18 再将做好的蜥蜴装在糖花上面。
19 把蜥蜴的脚装起来。
20 将做好的叶子装上。
21 将锁链、流星球、狼牙等配饰装起来。
22 半成品效果。
23 将做好的马仔放在底下。
24 马仔特写。

召 唤
MarziPan
Cake

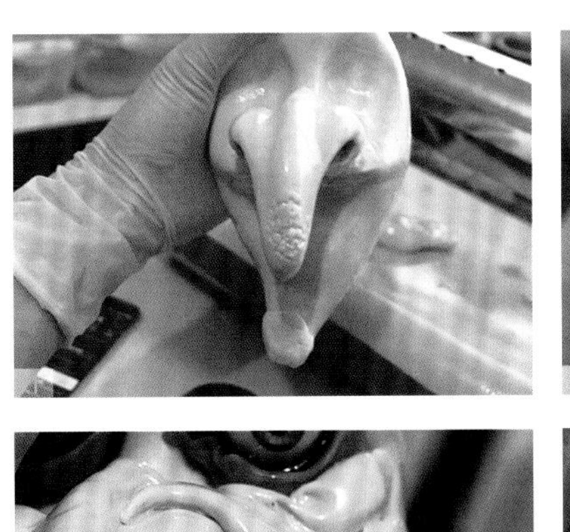

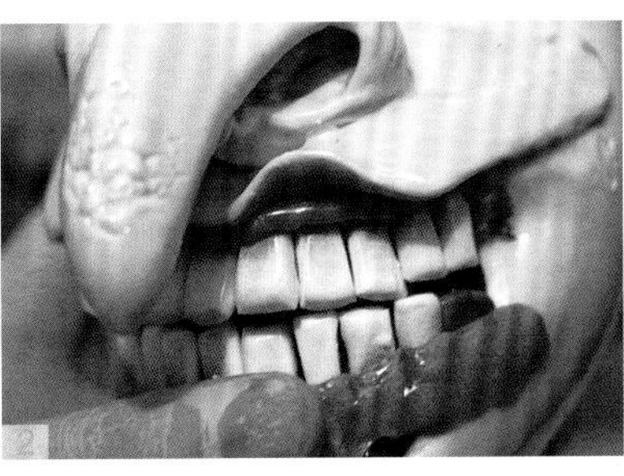

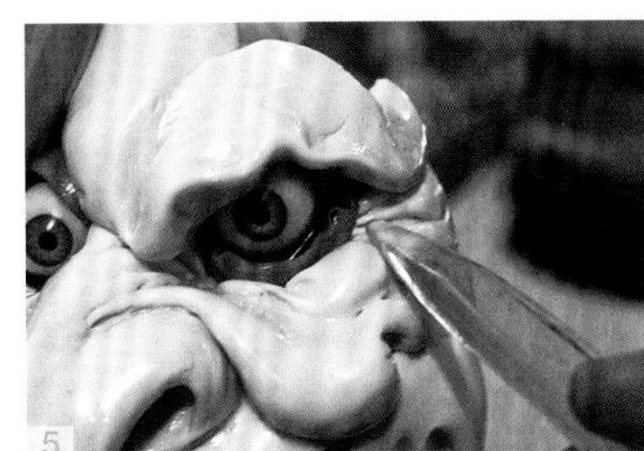

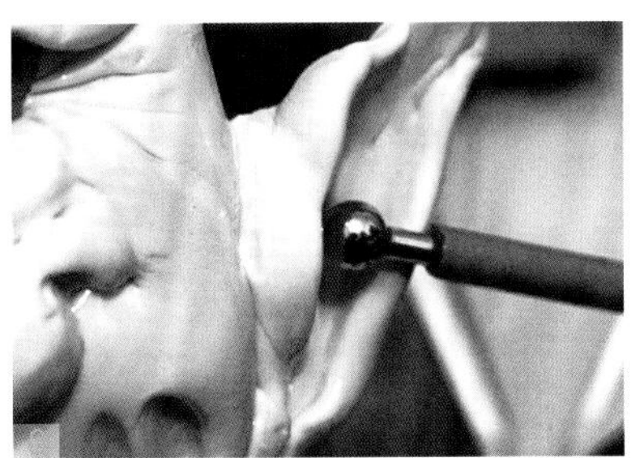

制作步骤

1 吹出大形后将鼻子贴出。
2 将做好的牙齿装上。
3 再贴出下巴，把纹路塑出来。
4 用主刀塑出脸上的纹路。
5 将眉骨贴出。
6 做出耳朵后用球刀加深。

7 脸部特写。
8 喷绘底座并组装。
9 茶壶特写。
10 吹出透明气泡。
11 将气泡装在水壶口上。
12 组装起来。
13 观察做好的头像是否协调。
14 装上水管，用尺子量下是否正线。
15 将接口包上。
16 装上三只小鸟头，再贴上鳞片。
17 贴出渐变色。
18 整体效果。
19 将手和水晶球分别做出来。
20 将头部装上。
21 把手装上。
22 将鞋子和其他配饰组装起来。

动物园
Marzipan
Cake

制作步骤

1 先将需要用到的材料准备好。
2 用水晶模具倒出水晶。
3 将球组装起来。
4 将做好的水晶装在缝隙里面。

5 将做好的长颈鹿装上。
6 再将喷图装上。
7 装上鸟嘴。
8 将做好的翅膀装起来。
9 鸟站在鸟窝上的特写。
10 将做好的鸟用打火机粘接。
11 将鸟窝的配饰装上。
12 撒上砖石。

花香蜜甜

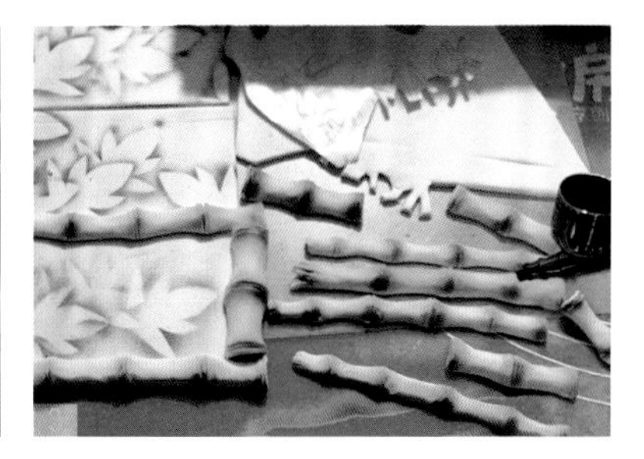

制作步骤

1 用翻糖制作的底座配件。
2 将底座喷上树叶的图案。
3 将翻糖做出来的竹子喷成绿色。

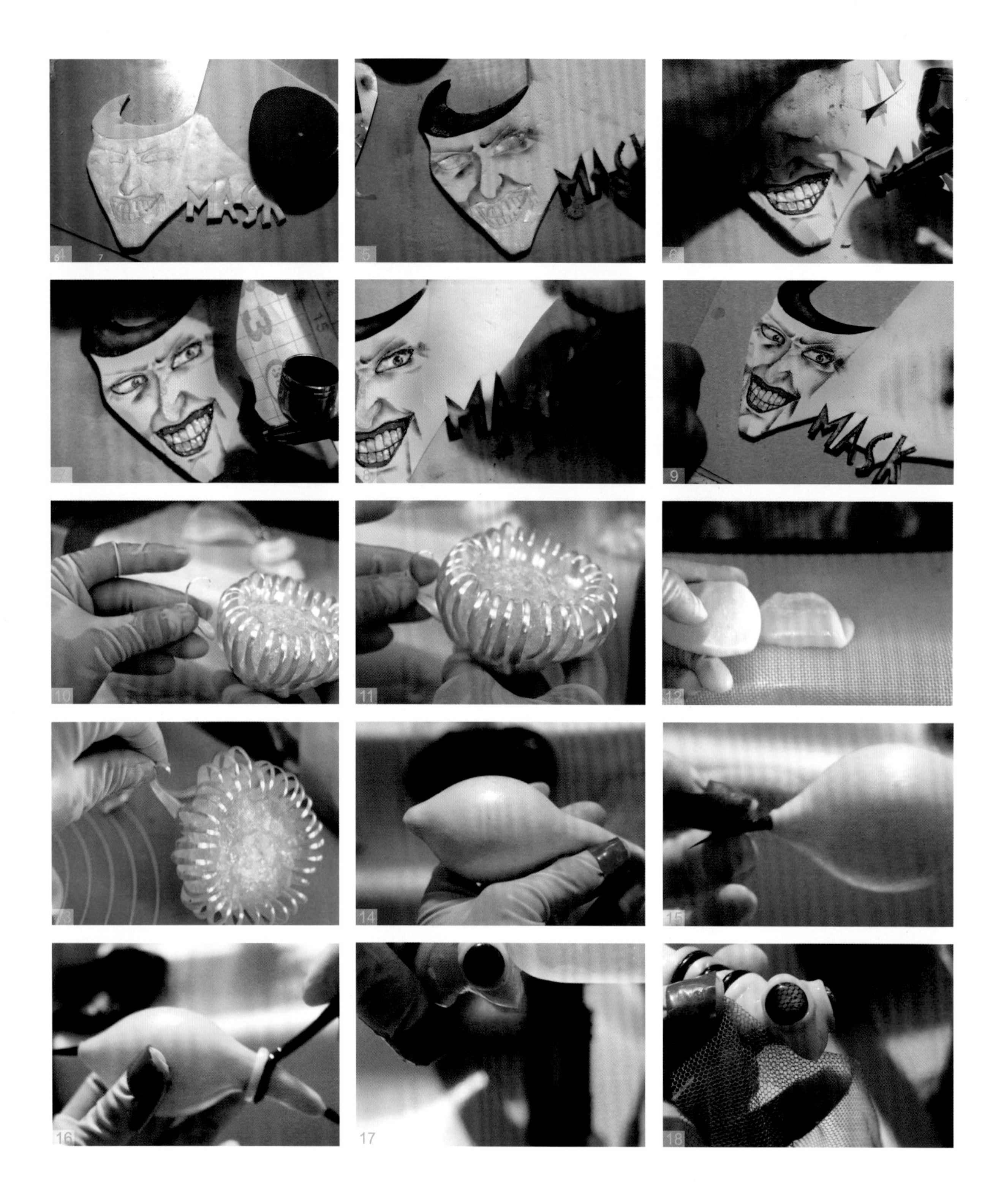

4 用贴纸画出草稿图。
5 用巧克力色喷出人物的轮廓。
6 喷上绿色，再将嘴唇喷上红色。
7 再将眼睛的大概形状喷出。
8 将英文字体喷上黑色。
9 喷绘特写。
10 用白色糖拉出线状花瓣。
11 花瓣共贴两层。
12 使用白色和黄色作为渐变。
13 再将拉出的黄色花瓣贴上。
14 吹出蜜蜂的大形。
15 将蜜蜂的尾巴装上。
16 再用黄色和黑色糖做出身体。
17 再塑出蜜蜂头部。
18 用网丝将眼睛喷上白色。

19 用拉线条的方式做出蜜蜂肚子。
20 将翻砂糖吹和肚子组装一起。
21 将做好的底座和支架组装起来。
22 将拉好的糖花装上。
23 将做好的食人花装在糖花底下。
24 装上蜜蜂后把透明的翅膀装上。
25 将蜜蜂装在食人花下面。
26 再将头上的须装上。
27 装上竹子和上面绿色的草。
28 将蜜蜂的翅膀喷上黑色。

龙魂

铁匠铺

悟空

二、糖艺作品欣赏

厨 师

蔬
菜
Marzipan
Cake

悟空传
陈志文
翻糖人偶

仕女

西施

龙女

拉糖龙凤

雀鸟

国粹

神 鹿

松鼠

鱼童

第四篇 翻糖人偶制作图解与欣赏

一、翻糖人偶制作图解

翻糖配方调制

人偶干佩斯

配方：CH糖粉1250克、生粉500克、纤维素23克、水200克、糖浆180克、鱼胶片15克、白油30克。

制作步骤

1 先加入糖粉。

2 加入过筛的生粉。

3 加入纤维素。

4 将水加入汤锅中。

5 将称好的糖浆加入。

6 加上鱼胶片。

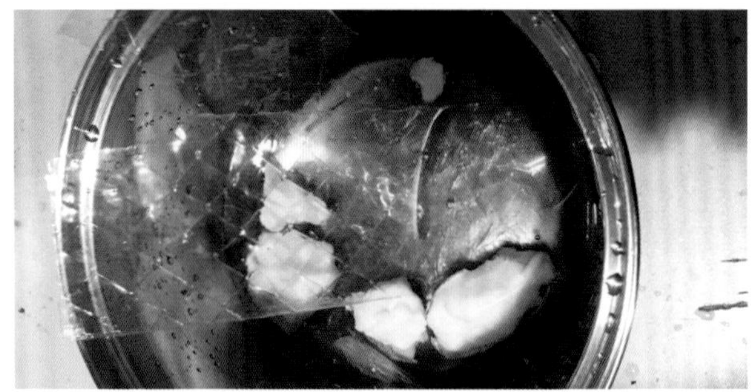

7 加入白油后用小火化开。

8 将化开的液体倒入糖粉里。

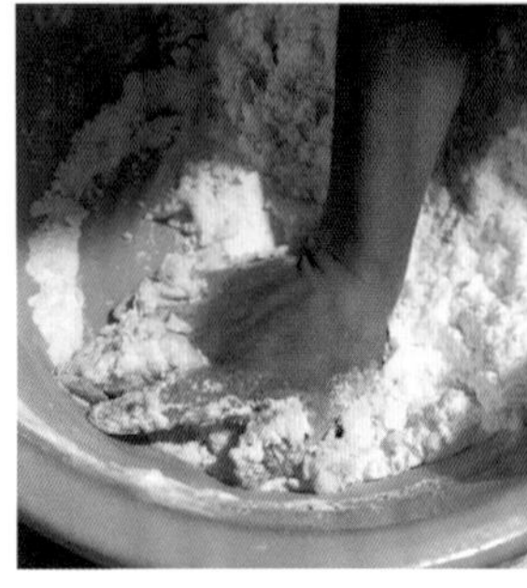

9 用手把它揉成团。

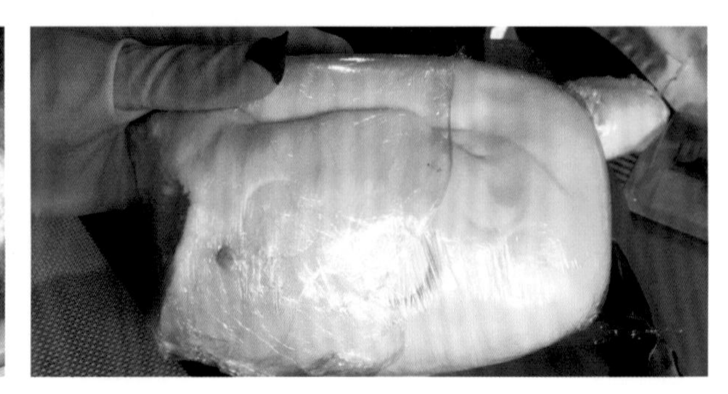

10 用保鲜袋密封起来，在常温下放24小时以后放冰箱可保存3~4个月。

小妘妘

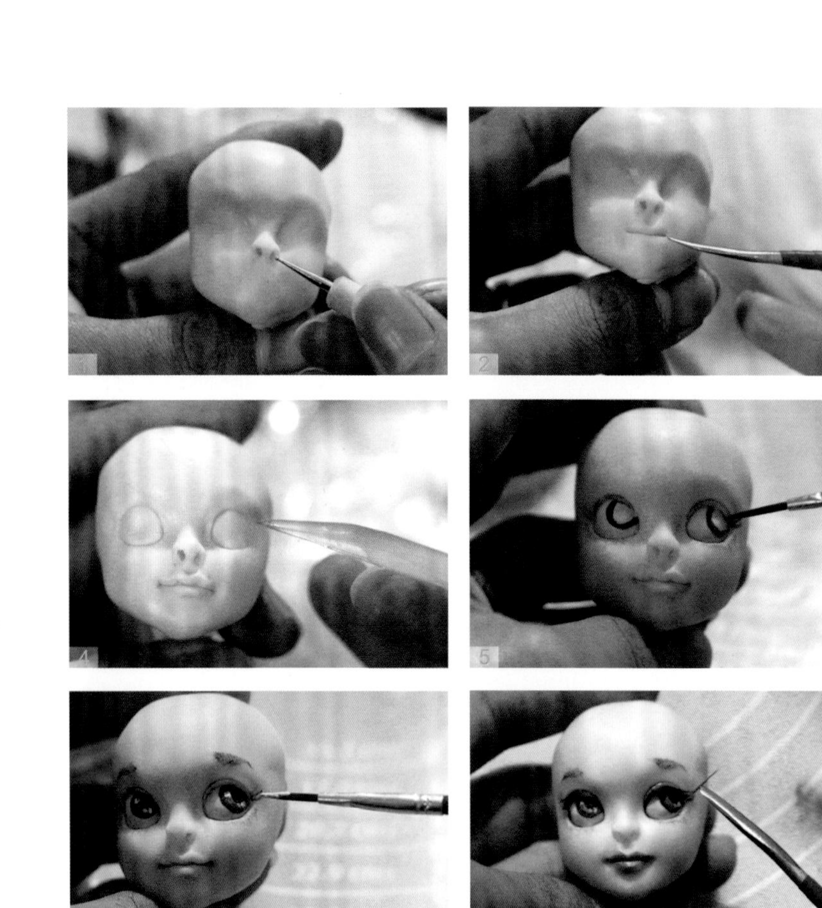

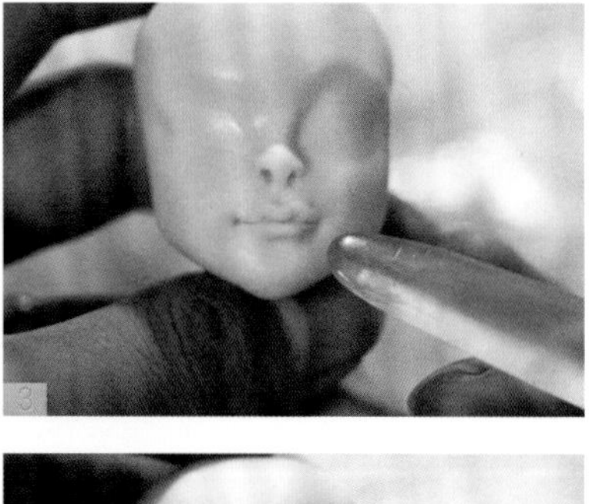

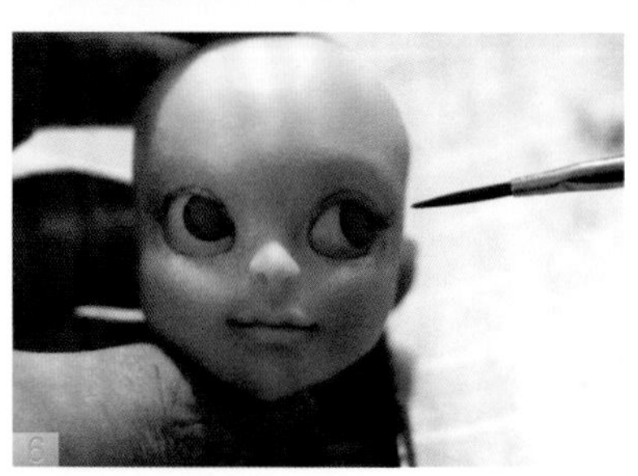

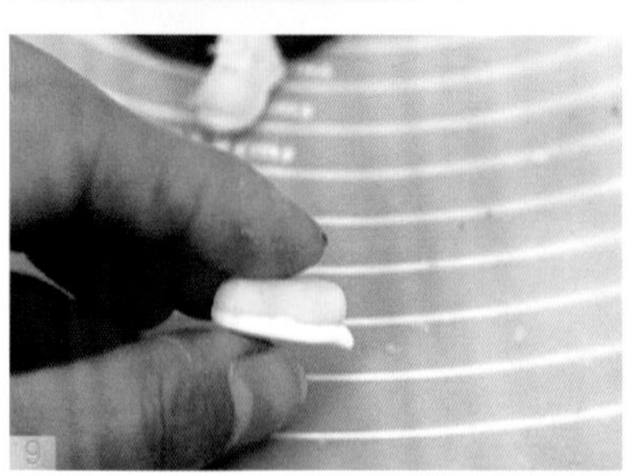

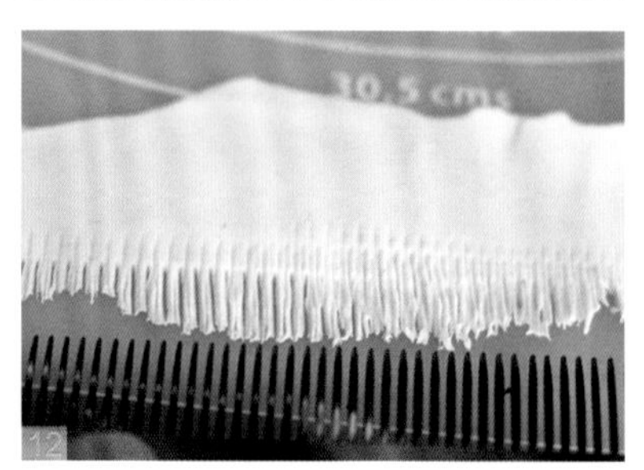

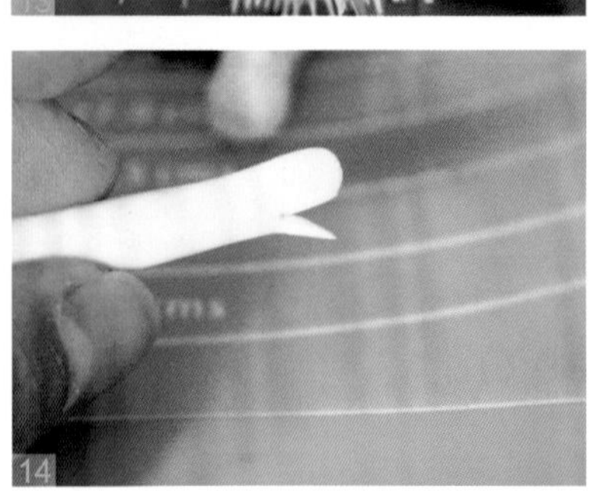

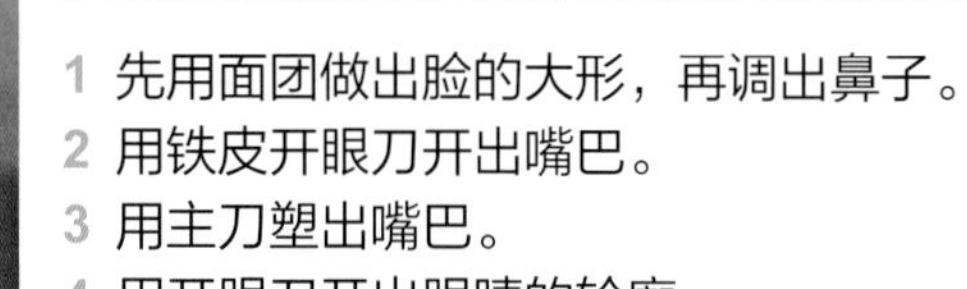

制作步骤

1 先用面团做出脸的大形，再调出鼻子。
2 用铁皮开眼刀开出嘴巴。
3 用主刀塑出嘴巴。
4 用开眼刀开出眼睛的轮廓。
5 用勾线笔将眼睛画上黑色。
6 再画上棕色作为渐变。
7 再用白色翻糖做出眼白。
8 装上眼睫毛并画上嘴唇。
9 用黄色翻糖做出鞋子，贴上白色翻糖。
10 穿上鞋子。
11 再用梳子压出鞋底的纹路。
12 擀出白色面皮，再用梳子压出纹路，做成裙子。
13 穿上蓝色衣服再用主刀塑出挤压纹。
14 用面团搓出手的大形。

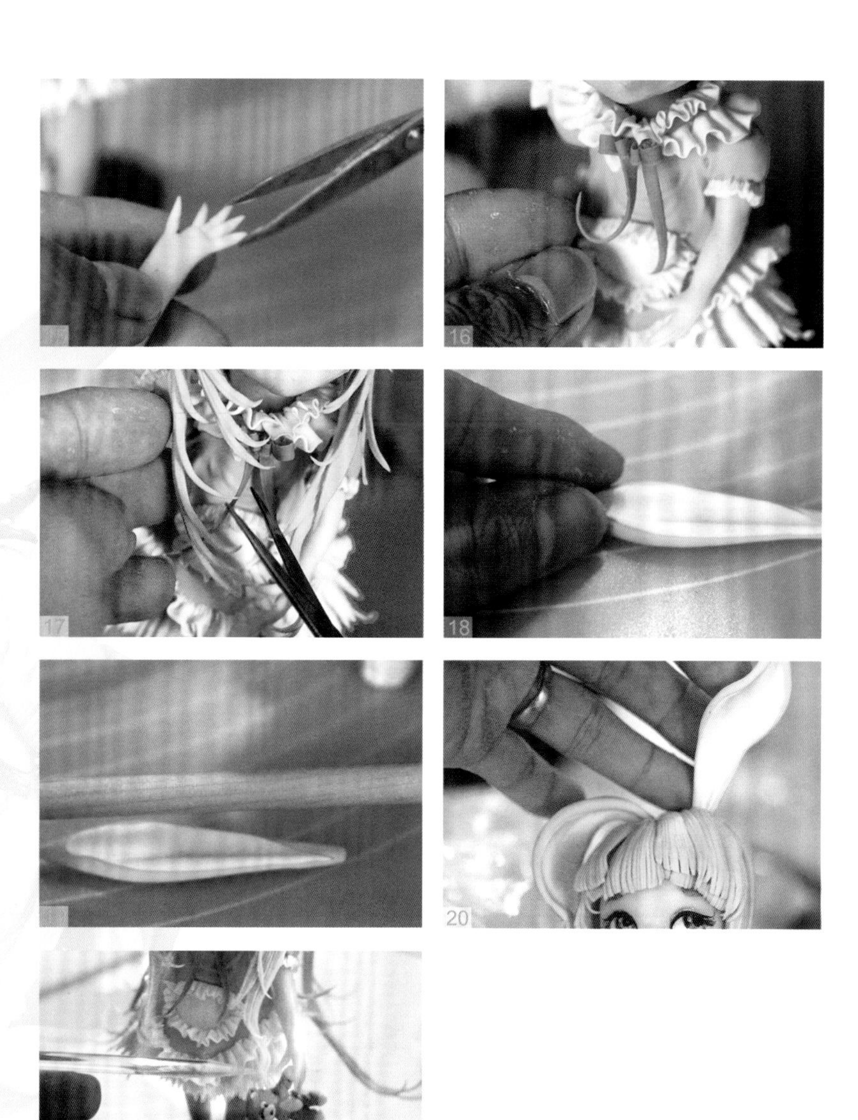

15 用剪刀剪出五指，再将其搓圆。
16 装上领结。
17 将做好的头发用剪刀剪开。
18 将白色和蓝色面团装在一起。
19 用圆形球刀压出窝形。
20 将做好的耳朵装上。
21 让人偶手上拿个布娃娃。

鱼化龙

赵云－龙胆

二、翻糖人偶作品欣赏
霸王丸

巴基船长

雄心壮志

龙将

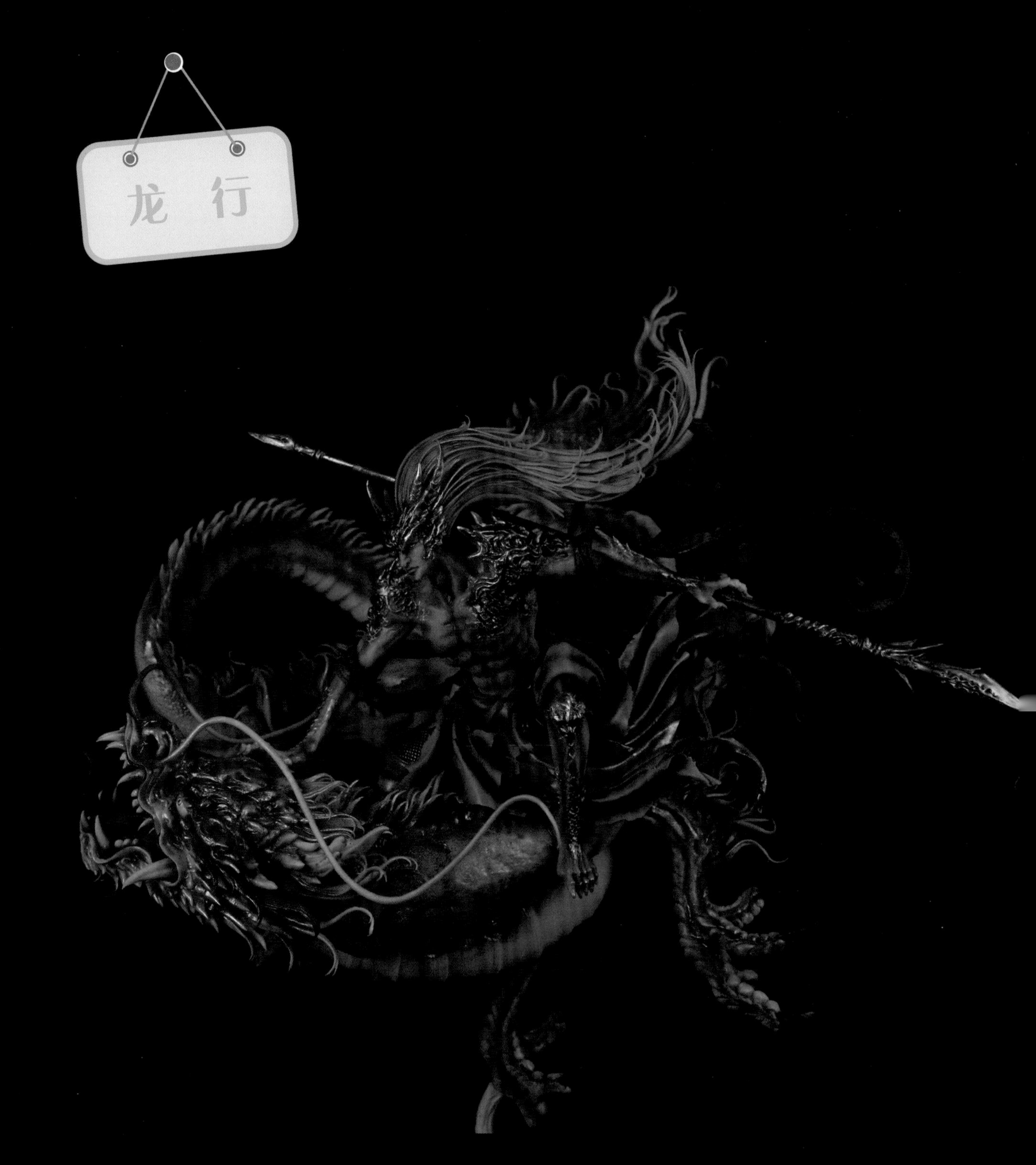
龙行

山海小神兽

小可爱

紫气东来

怪头探长

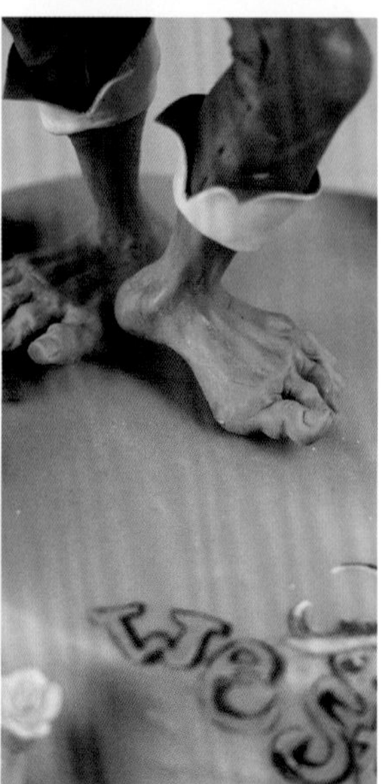

何仙姑

滑跑酷男

LOV
e

IF YOU WANT
TO BE HAPPY

培训介绍

招生信息

❶ 糖艺写实欧式专修班
❷ 面塑实用精华专修班
❸ 大师翻糖人偶专修班
❹ 翻糖写实花卉专修班
❺ 巧克力造型专修班
❻ 果蔬雕刻班
❼ 意境盘式专修班

传授您成功秘诀，更多招生信息、图片、视频，请微信搜索（陈志文糖艺培训）关注。学习内容每期都在增加，具体内容请来电咨询。

QQ：379299710　　微信号：379299710
招生电话：18670078511　13262515596
15601628032
官方网站：www.czwty.com
培训地址：湖南省长沙市金星路月亮岛街道润和·又一城 2 期 14 栋